常用调料类中药材栽培与加工

刘德军　主编

中国农业科技出版社

图书在版编目(CIP)数据

常用调料类中药材栽培与加工/刘德军主编．－北京：中国农业科学技术出版社,2001.6

ISBN 978-7-80167-081-6

Ⅰ．常…　Ⅱ．刘…　Ⅲ.①药用植物,调味类－栽培②药用植物,调味类－加工　Ⅳ.S567

中国版本图书馆 CIP 数据核字(2001)第 02510 号

责任编辑	李祥洲
出版发行	中国农业科学技术出版社
	(北京市中关村南大街 12 号　邮编:100081)
经　　销	新华书店北京发行所
印　　刷	中煤涿州制图印刷厂
开　　本	787mm×1092mm　1/32　印张:8.25
字　　数	195 千字
版　　次	2001 年 6 月第 1 版　2008 年 10 月第 2 次印刷
定　　价	13.80 元

《常用调料类中药材栽培与加工》

作者名单

主　编　刘德军

编　委　杨成俊　丰广魁　路　涛

前　　言

调料类中药材一方面可供药用,作为中药材销售;另一方面又是调味品的主要组成部分,作为调味料在食品店、农贸市场销售,它比一般药材销路宽,市场前景广阔。

《常用调料类中药材栽培与加工》详细地介绍了36种常用调料类中药材,每一种药材首先介绍其植物来源、烹调应用、药用价值及产地等,再分别按植物形态、生物学特性、栽培技术、病虫害防治、收获加工、综合利用等加以叙述。编写时力求技术实用,通俗易懂,便于学习和操作,可供广大农民、中药材生产技术人员和大中专院校师生阅读。

栽培调料类中药材要取得较好收益,作者认为应注意以下几点:一是搞好市场调研,了解市场行情变化,掌握产销信息;二是根据当地人力、物力及土地与气候条件确定栽培品种;三是要选好种子或种苗,掌握好栽培技术,适时收获并合理加工。

由于编者水平所限,书中缺点和错误在所难免,恳请广大读者批评指正。

编者

2001年2月

(作者通讯地址:江苏省连云港中药学校　邮编:222006　电话:0518 – 5816455(刘))

目　　录

第四章 皮类药材和果实及种子类药材

第一章　根及根茎类药材

大　蒜

大蒜为百合科植物大蒜的鳞茎。烹调中取其鳞茎作调味品,其味辛辣浓厚,具穿透性,气息特异,熟后失去辣味。主要呈味成分为大蒜素。大蒜入药,性温味辛。归脾、胃、肺、大肠经。有行滞气、暖脾胃、解毒、杀虫的功能,被称为"天然广谱抗生素"。用于脘腹冷痛、痢疾、泄泻、感冒、肠痈、癣疮、蛇虫咬伤等。全国各地均有分布和栽培。

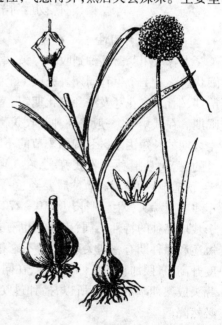

图1-1　大蒜

一、植物形态

大蒜系多年生草本植物。植株具特异蒜臭气。鳞茎扁圆锥形或球形,横径3～6厘米,由6～10个肉质瓣状小鳞茎组成,外包灰白色或淡紫红色的膜质鳞皮。叶数片,基生,

1

扁平,线状披针形,灰绿色,长可达 50 厘米,宽2~2.5厘米,基部鞘状。花茎直立,较叶长,高55~100厘米,圆柱状,苞片1~3,膜质,浅绿色;伞形花序,花小,多数稠密,花间常杂有淡红色珠芽,直径4~5毫米;花梗细长;花被6,粉红色,椭圆状披针形;雄蕊6,白色,花丝基部扩大,合生,内轮花丝两侧有丝状伸长齿;子房上位,淡绿白色,长圆状 卵形;雌蕊1,3心皮3室。蒴果。种子黑色。自然条件栽培时花期在5~7月,果在9~10月(图1-1)。

二、生物学特性

1. 生长发育习性

大蒜从用蒜瓣播种到收获蒜头,重新获得新的蒜瓣,进入休眠状态称为1个生育周期。完成1个生育周期需要顺序经历出苗期、幼苗期、花芽及鳞芽分化期、花茎伸长期、鳞茎肥大期和休眠期。在栽培上,一般将播种至收获蒜头所需天数称为生育期。生育期的长短因地区和栽培季节的不同而有很大差异。春播地区的大蒜,从播种到收获蒜头,在1年以内完成,需100~120天;秋播地区的大蒜,播种后要经过一段较长的越冬期,到第二年才收获蒜头,生育期长达210~270天。即使在同一地区,由于栽培品种的特性不同,生育期也有差异。另外,生育期的长短还和播种期有密切关系,由于不论春播或秋播,鳞茎都是在温度升高、日照加长的条件下成熟,在同一地区,即使播期不同,但蒜头成熟期基本相同,所以,播种过晚时大蒜生育期缩短,产量必然降低。

2. 对环境的要求

(1)土壤 大蒜根系不发达,吸收能力差,喜欢有机质含量丰富、土质疏松的沙质土壤。又因大蒜对土壤的适应性比较强,中性或微酸性土壤,均适宜生长。尤其在微碱性土壤中,生长发育更好。当土壤 pH 值低于 5.5 时,则生长发育不良。

(2)温度 大蒜喜好冷凉的环境,其适应温度范围,低限 -5℃,高限 26℃。大蒜通过休眠后,2℃～3℃就能萌动,进行缓慢生长。发芽期和幼苗期喜冷凉,最适宜的温度为12℃～16℃;花芽、鳞芽分化期适宜温度为15℃～20℃;抽薹期的适宜温度为17℃～22℃;鳞茎膨大期的适宜温度为20℃～25℃,低于20℃鳞茎积累养分、膨大生长缓慢,超过 26℃植株生理失调,茎叶逐渐干枯,地下鳞茎也将停止生长进入休眠状态。

大蒜是苗期通过春化的植物。幼株在低温下,约经 1 个月就能通过春化阶段,以后气温上升,就能抽薹分瓣。如果不能满足大蒜植株通过春化所需的低温,就不能形成花芽,也就不能抽薹分瓣,以后在长日照下也只能形成独头蒜。

(3)水分 大蒜的根系浅,根毛少,吸水范围较小,所以不耐旱,但在不同生育期对土壤湿度的要求有差异。大蒜在萌发期要求有较高的土壤湿度,以利于大蒜的发根和发芽。在幼苗期,则要适当降低土壤湿度,以促进根系发育。大蒜在退母结束以后,叶片生长加快,水分的消耗增多,这时需要较高的土壤湿度,以促进大蒜植株生长,为花芽、鳞芽的分化和发育打下基础。大蒜在花茎伸长和鳞茎膨大期,需要较高的土壤湿度。但当鳞茎充分膨大,根系逐渐变黄枯萎时,则应降低土壤湿度,防止鳞茎腐烂变黑及散瓣。

(4)光照 大蒜是典型的长日照植物,其花芽、鳞芽分化都要求长日照。长日照是大蒜鳞茎膨大的必要条件。大蒜只有经过夏季,日照时间的逐渐延长,温度逐渐升高的外界环境,才会长成蒜头。虽然大蒜的不同园艺品种对日照时数的要求有一定差异,但一般都需要在 14 小时以上。如果大蒜生长全期处于

12小时以下短日照的条件。那么,大蒜植株即使生长得很旺盛,也不能抽薹,不能分蘖鳞芽。

三、栽培技术

1. 栽培季节

大蒜的栽培季节,既取决于当地的气候条件,也与品种有关,不同生育期对温度有不同的要求,各地应根据当地的自然条件和大蒜对温度的要求来确定栽培季节。按气候条件可划分为秋播和春播两大区。

(1)秋播　北纬35°以南的地区,冬季平均最低温一般在-6℃以上,大蒜可以在露地越冬,多在秋季播种,翌年初夏收获。秋播区主要包括华南、华中、河南、山东禹城以南、陕西关中及陕南、山西临汾以南及河北南部。但是,有的大蒜产区纬度虽较低,但海拔高,气候寒冷,露地越冬有困难,则实行春播。

(2)春播　北纬35°以北的地区,冬季平均最低气温一般在-10℃以下,大蒜在露地不能安全越冬,多实行春播,当年夏季收获。春播区主要包括陕西省北部、山西省临汾以北、河北省北部、甘肃、宁夏、青海、新疆、吉林、辽宁、黑龙江、内蒙古及西藏。但有的春播区可利用特性不同的大蒜栽培品种,进行春、秋两季栽培。

2. 选地整地

(1)土地选择　种植大蒜的地块,以选择质地疏松、含有机质较多、肥沃的沙性壤土为最好。因为这类土壤排水、蓄水和保肥力都好,大蒜头可以顺利地生长发育,充分膨大。大蒜对土壤的适应性比较广泛,沙壤、壤土或夜潮地均可。沙土易漏水漏肥,有机质含量少,蒜头瘦小;粘土土质坚硬,透气性差,排水不良,蒜头膨大时受土壤的阻力较大,长出的蒜头小而尖;涝洼地土壤水分过多,缺少空气,大蒜根系发育不良;盐碱地盐分易使蒜母腐烂,秧苗黄弱,甚至造成假茎倒伏,保苗困难。

(2)**整地施肥** 大蒜播种前的深翻细耙非常重要。秋播大蒜的地块在前茬作物收获后要立即耕翻,深20厘米左右,翻后晒垡,晒垡时间以15天以上为好,在晒垡的过程中,还要耕耙1~2次。在播种前再整地作畦。若遇秋旱则不宜晒垡,应抢墒耕翻,耙细耙平。用锹翻的地块,要随翻随打碎土块,用耙搂平保墒。

播种前每亩撒施腐熟过筛的厩肥5 000公斤左右,施肥要匀细,施后要再翻1遍,使肥土掺匀,纵横耙细耙平。地平土细,耕层松透,墒情良好,有利播种、出苗。

秋播大蒜多采用畦作,既可适当密植,提高单位面积产量,又便于灌水和越冬管理。畦的宽度一般为1~1.5米。1米宽畦栽5行,1.5米宽畦栽7行,山东苍山地区,秋播大蒜,整地后隔20~23厘米开沟,沟内播种后,把开沟时扶起的垄背,每3个垄背搂平两个,留1个作为畦埂,这种方法不需再筑畦埂。畦的长度多为6~10米。

垄作可分为大垄双行和小垄单行。大垄双行按行距50厘米作垄,耙平垄台,在垄台上开两条浅沟播种;小垄单行按行距25厘米作垄,在垄台上开沟播种。

3. 选种与种瓣处理

(1)**种瓣选择** 种瓣的选择要从蒜头收获后在田间即开始进行,从收获的大蒜植株中选择符合原品种特征,叶片无病斑,蒜头外皮色泽一致、蒜头肥大圆整,外层瓣大小均匀的单株留种,单独贮藏。播种前掰蒜时从蒜瓣数符合原品种特征、无散瓣、无病虫的蒜头中选择无霉变、无伤残、无病虫、瓣形整齐、蒜衣色泽符合原品种特征、质地硬实的蒜瓣。然后将入选蒜瓣按大小分级分畦播种,使植株生长整齐。

掰瓣工作应在临近播种前进行,不要过早,防止蒜瓣干燥失水,影响出苗。掰好的蒜瓣应摊放在背阴通风处,防风吹日晒和发热。

(2)种瓣处理　播种以前,种瓣的处理方法包括以下内容:

①去茎踵。蒜瓣基部的干燥茎盘(茎踵)影响吸水,妨碍新根的发生,在选择蒜种的同时最好将茎踵剥掉,以利发根出苗。有的春播地区还有同时将瓣衣剥除的作法,但比较费工。在盐碱地种植大蒜时,为了防止返盐对种瓣的腐蚀,最好不要剥去瓣衣。

②浸种。播种前 1 天,将蒜瓣放入 40℃ 温水中浸泡 1 昼夜,在此期间换水 2～3 次。经过浸种的蒜瓣,茎踵被泡烂并吸足了水分,播种后可比直接用蒜瓣播种的提早 5～7 天出苗,而且蒜头的收获期可提早 8～9 天。但是,经过浸种处理的蒜瓣只宜湿播不宜干播。

③药剂浸种。用 50% 多菌灵可湿性粉剂或 25% 多菌灵水剂,加水配成 500 倍稀释水溶液,将种瓣浸泡 24 小时后捞出,晾干表面水分,立即播种。这样不但可促进根系生长,使蒜苗健壮,产量增高,而且可以有效抑制蒜衣内外部病菌的滋生和蔓延,减少烂瓣,提高出苗率。每 100 公斤稀释液可浸泡种瓣 100公斤。

4. 播种期的确定

(1)秋播地区　大蒜播种期是否适当,对蒜头产量与质量都有很大影响。适宜的秋播期因地区、品种、栽培方式及栽培目的等而异。确定适宜播期的基本原则有两条:一是满足种瓣萌发所需的适宜温度(16℃～20℃);二是越冬期具有 5～7 片展叶,可以安全越冬。采用地膜覆盖栽培的大蒜,适宜播期应较不盖地膜的晚5～10天,否则因地温高,出苗慢,种瓣易在土中腐烂。

（2）春播地区　当上层土壤化冻,日平均气温稳定上升至3℃～5℃,达到大蒜发芽所需低温界限时,便可以播种。适期早播可以延长生育期,提高产量。但也不可过早,蒜瓣在－2℃以下的低温下容易受冻,丧失发芽力,造成大量缺苗,而且容易发生"马尾蒜"。播种过迟,植株生长势弱,生育期缩短,在高温、长日照条件下容易形成独头蒜、少瓣蒜或无薹分瓣蒜。

5. 种植方法

（1）种植密度　种植密度不但影响蒜头产量,而且对质量也有影响。密度太大时,蒜头变小,蒜瓣平均重量下降,小蒜瓣比例增多,单位面积产量虽然可能提高,但蒜头和蒜瓣质量下降。密度太小时,蒜头增大,蒜瓣平均单重增加,但由于单位面积的株数减少,单位面积产量随之下降。因此,大蒜种植密度应根据当地的综合条件,如品种特性、蒜种大小、土壤肥力及栽培方式等,通过田间试验确定。

（2）播种方法　大蒜的播种方法因作畦或作垄方式的不同而分为平畦播种法、高垄播种法和高畦播种法3种。

①平畦播种法。用平畦种植大蒜的地区,一般采用开沟播种。方法是:先做成宽1.3～1.4米的平畦,然后从畦的一侧开第1条沟,沟深5～6厘米。按一定株距将种瓣摆放在沟中,再按一定的行距开第2条沟,用开第2条沟的土将第1条沟中的种瓣埋住。如此进行。全畦播完后将畦面耙平并轻轻拍实,使种瓣与土壤密接,以利根系吸水,同时可防止灌水时将种瓣冲出土面,造成缺苗断垄。全田播完后灌水,水流不可过大,以免种瓣被冲出土面。另一种方法是:先做成宽2.7～3米的大畦,播种时顺着两边的畦埂轮回开沟,边开沟边播种,并使开后一沟时挖出的土壤覆盖在前一沟已播种的沟内。全畦播完后,在大畦

的中央留宽27～30厘米空地,然后用耙子把大畦中的土块耙到空地上,使形成一道畦埂,将大畦一分为二,成为两个各宽1.35～1.5米的小畦。这种作畦方法比较节省劳力,提高工作效率,适宜大蒜单作时的大面积生产。

用平畦栽培的地区,还有打孔栽蒜的方法。在畦内按行、株距打孔,每孔插入1个种瓣,然后盖土,拍平,灌水。在干旱少雨的春播蒜区,还采用先灌水造墒,然后插种瓣、盖土的方法,这样可以保墒保温,提早出苗。

②高垄播种法。实行高垄栽培法的地区,有干栽和坐水栽两种方法。

干栽法又有先作垄后播种和先播种后作垄两种方法。前者是在作好的高垄上开沟,摆种瓣,覆土,然后由垄沟中灌水;后者是在整平的土地上按宽窄行开沟,宽行距离43厘米,窄行距离20厘米,沟深1.5厘米。按株距将种瓣摆在沟中,然后在宽行的两侧取土盖在蒜种上,作成高垄,则原来的宽行变成垄沟,原来的窄行变成高垄,由垄沟中灌水。

坐水栽蒜也按宽、窄行种植。先在窄行开沟,沟宽20厘米,深3厘米,从沟中灌水,待水渗下后,按水印在沟的两侧各栽1行种瓣,再从宽行中取土将种瓣埋住,并形成高垄。原来的宽行变成垄沟,成为以后的灌水沟。坐水栽的灌水量较小,可减轻早春大水漫灌使地温降低的弊端。同时,上面覆盖的是疏松的干土。可减少土壤水分蒸发,有利保墒,所以出苗较早,苗生长较整齐。春播地区用此法播种,效果较好。

③高畦播种法。地膜覆盖栽培时,一般采用高畦播种。可以先播种后盖膜,也可以先盖膜后播种。后一种方法播种时用工较多,目前多采用前一种方法。整地后作宽0.7～1米、高10厘米左右的高畦。播种时,在高畦上按行距开沟,沟深6～7厘

米、摆种瓣后覆土,将沟埋平,搂平畦面,然后盖膜。每畦播4~5行。

6. 田间管理

大蒜的生长发育分为 6 个时期,其中 5 个时期是在田间度过的。各生育期有其自身的规律性和对环境条件的不同要求,生产者必须根据不同生长发育时期,进行田间管理工作。

(1) 出苗期 用干蒜种同一时期进行播种,不同品种间出苗期有很大差异。在此期间田间管理的中心任务是保证土壤中有充足的水分和氧气,为蒜瓣的萌发出土创造条件,达到早出苗、苗全、苗齐的目的。播种后立即灌水使蒜种与土壤紧密接触,并供给蒜芽所需水分。出苗前如果土壤表面板结,可轻灌 1 水,防止土壤因板结缺氧而妨碍出苗。但出苗前土壤也不宜太湿,否则会因缺氧造成烂根、烂母、闷芽等情况。所以,播种后如遇大雨,田间积水时,应及时排水。

为防除蒜地杂草,可在播种后出苗前施用化学除草剂。用丁氯混合除草剂(60% 丁草胺 50 克,加 25% 绿麦隆 150 克,对水 50 升)或阿特拉津100~125 克,对水 50 升,在播种后出苗前喷于畦面,然后将畦面轻耙 1 遍,使药液混入土壤中,以增强除草效果。

(2) 幼苗期 秋播大蒜和春播大蒜幼苗期所处的环境条件不同,幼苗期的田间管理也应有所区别。秋播大蒜的幼苗期一般是在冬季度过的,田间管理的中心任务是培育壮苗,确保幼苗安全越冬。措施是:幼苗长出 2~3 片叶后,每亩追施尿素 15 公斤 或碳酸氢铵 30 公斤。碳酸氢铵不稳定,易挥发,应开沟施在沟内,边施边盖土。施肥后随即灌水,然后合墒中耕松土,蹲苗,使根系下扎,并防止过早烂母。土壤封冻前,在灌越冬水后,每亩施畜杂肥2 000公斤左右,然后中耕,并向根部浅培土。有条

9

件的地区可在灌越冬水后覆盖草粪或豆叶,保墒保温,以利幼苗安全越冬。

春播地区大蒜的幼苗期,不同品种间也有差异。幼苗期蒜苗生长所需营养主要来自母瓣,所以,田间管理的中心任务是防止提早烂母。措施是及时锄地,破除土壤板结,疏松土壤,提高地温。幼苗期如果灌水过多、过勤,则土壤湿度大、温度低、透气性差,会导致提早烂母,对根系发育不利,同时会降低幼苗抵抗春寒的能力。春播地区蒜农称此期为蹲苗期,田间管理以锄地为主。锄地的原则是:"头遍深,二遍跟,三遍四遍不伤根"。当幼苗有2~3片展叶时锄头遍,这时是根系向下扎,横向分布范围小,深锄不会伤根,同时可疏松土壤,提高地温,有利根系发展和去除杂草。锄头遍后隔4~5天再锄1遍。以后由于大蒜根系横向分布的范围加大,应浅锄,避免伤根。

(3)花芽和鳞芽分化发育期 在花芽和鳞芽分化发育期内,种瓣中的营养物质随着幼苗的生长而逐渐减少,由开始腐烂直至完全消失(烂母),不同品种间烂母的时期也有差异。所以,田间管理要考虑当地所栽品种的烂母期,烂母期早的品种,要适当提早追肥和灌水。进入花芽和鳞芽分化发育期后,已分化的叶片加速生长,假茎继续增粗。根系生长量加大,对肥、水的吸收量逐渐增加,特别是对氮和钾的吸收量迅速增加,所以水、肥的及时供应至关重要。水、肥供应不足或不及时,会妨碍花芽和鳞芽的分化发育。

秋播大蒜于翌年春暖返青后,结合灌水施返青肥,每亩施尿素10公斤或碳酸氢铵20公斤或氮磷钾复合肥30公斤,为幼苗返青后的旺盛生长提供充足的水分和营养。秋播大蒜种的极早熟和早熟品种以及南方冬季比较温暖的地区,可提早追肥和灌水。

春播大蒜的花芽和鳞芽分化发育期较短,烂母期也较短,追肥、灌水等田间管理要相应提前,如延误时机或水、肥供应不足,则会影响花芽和鳞芽的分化发育,不但抽薹率降低,还会增加独头蒜的比例。

(4)花茎伸长期 从花芽分化结束到蒜薹采收,这一生育期的长短与品种习性和温度有密切关系。

秋播大蒜花芽分化结束期一般在早春,温度低,所以花茎的伸长开始很缓慢。早熟品种一般当旬平均气温上升至5℃以上,中、晚熟品种一般当旬平均气温上升至10℃以上时,花茎伸长加快,对肥、水的需求量随之增加。田间管理具体措施是:当蒜薹“露尾”(总苞尖端伸出叶鞘)时,结合灌水每亩施尿素20～25公斤。以后土壤要经常保持湿润状态。采收蒜薹前3～4天停止灌水,以免蒜薹太脆,采收时易折断。

春播大蒜花芽分化结束后,温度呈持续上升趋势,所以花茎伸长较快。另一方面,由于鳞芽的分化结束期与花芽分化结束期相近,在花茎伸长加快时,鳞芽的增长也加快,当蒜薹露尾时蒜头已开始膨大,需水需肥量大,更要抓紧追肥和灌水。

(5)鳞茎肥大期 从鳞芽分化结束到鳞茎成熟,这一生育期的长短也与品种习性有密切关系。秋播大蒜种的早熟品种为80天左右,中、晚熟品种为40～50天;春播大蒜的早熟品种为55天左右,晚熟品种为45天左右。

采收蒜薹后,鳞茎肥大进入旺盛时期,但由于根、茎、叶的生长逐渐衰退,植株生长减慢,日平均吸收的氮、磷、钾量明显减少,所以在蒜薹采收后不必再施肥,以免茎、叶徒长,使蒜头晚熟,而且不耐贮藏。但在蒜薹采收后,温度升高,土壤水分蒸发量加大,应及时灌水。以后用小水勤灌,保持土壤湿润,降低地温,促进蒜头肥大。蒜头收获前5～7天停止灌水,防止因土壤太湿造成蒜头外皮腐烂、散瓣及不耐贮藏等弊病。

南方在鳞茎肥大期常遇多雨天气,土壤湿度大,容易引起散瓣,影响蒜头质量,应注意开沟排水,降低土壤含水量。

四、病虫害防治

1. 病害

(1)病毒病　又名花叶病。是世界性病害,也是对大蒜危害性最大,发病率最高的一种病害。

发病初期,沿叶脉出现断续黄条点,后连接成黄绿相间长条纹,植株矮化,且个别植株心叶被邻近叶片包住,呈卷曲状畸形,长期不能完全伸展,致叶片扭曲。病株鳞茎变小,或蒜瓣及须根减少,严重的蒜瓣僵硬,贮藏期尤为明显。染病大蒜产量和品质明显下降,造成种性退化。

防治方法:①采用脱毒大蒜生产种。②避免与葱属作物邻作或连作,实行3～4年轮作。③消灭大蒜植株生长期间及蒜头贮藏期间的传毒虫害。④播种前严格选种,淘汰有病、虫的蒜头,再将选出的种瓣用80%敌敌畏乳剂1 000倍液浸泡24小时,以消灭螨虫。⑤从幼苗期开始,对种子田进行严格选择,及时拔除发病植株,以减少病害传播。⑥加强大蒜生产的水、肥管理,培育健壮植株,增强抗病力。⑦发病初期喷洒1.5%植病灵乳油1 000倍液,或20%病毒A可湿性粉剂500倍液,或83增抗剂100倍液,或抗毒剂1号水剂250～300倍液,隔10天左右1次,连续防治2～3次。

(2)叶枯病　叶枯病不但危害大蒜,而且危害大葱、洋葱、韭菜等葱蒜类蔬菜。在国内分布广,危害重,20世纪90年代以来曾在陕西、江苏、云南等大蒜产区暴发流行,损失很大。

主要危害叶和花茎。一般先从叶尖开始发病,病斑初呈白色圆形小斑点,逐渐扩大呈不规则或椭圆形灰白色或灰竭色病斑。其上密生黑色霉状物。受害叶和花茎变黄枯死,花茎容易从病部折断。危害严重时,大蒜不易抽薹。

防治方法:①加强田间管理,施用有机肥,配方施肥,排除积水,增强植株抗病性。②及时发现病株,收集后烧毁或深埋。③播种前种瓣用40%～50%温水浸泡1.5小时,预防种瓣带菌。④发现中心病株后,喷50%托布津可湿性粉剂500～600倍液,或75%百菌清可湿性粉剂500倍液,或50%叶枯灵粉剂1 000倍液。为增强药液在叶片上的附着力,药中可加入0.1%的洗衣粉。

(3)紫斑病 生长期间主要危害叶和薹,贮藏期危害鳞茎。田间发病,多从叶尖或花梗中部开始,以后逐渐蔓延至下部。初期病斑呈稍凹陷小白点,中间微紫红,病斑扩大后呈黄褐色纺锤形或椭圆形病斑。湿度大时,病部产生黑色霉状物。病斑多具同心轮纹,易从病部折断。贮藏期染病的鳞茎颈部变为深黄色或红褐色软腐状。南方一般苗高10～15厘米开始发病,生育后期危害严重;北方主要在生长后期发病。

防治方法:①播种前种瓣用40℃～45℃温水浸泡1.5小时消毒;或用50%多菌灵粉剂拌种,药量为种瓣重量的0.5%;或用40%多菌灵胶悬剂50倍液浸种4小时,预防种瓣带菌。②实行2年以上的轮作,避免与葱类植物连作。③发病初期喷洒75%百菌清可湿性粉剂500倍液,或58%甲霜灵锰锌可湿性粉剂500倍液,或40%灭菌丹可湿性粉剂400倍液,或64%杀毒矾可湿性粉剂500倍液,或50%扑海因可湿性粉剂1 500倍液,隔7～10天1次,连续防治3～4次。

(4)锈病 主要危害叶片和假茎。病部初为梭形褪绿斑,后在表皮下出现圆形或椭圆形稍凸起的夏孢子堆,表皮破裂后散出橙色粉状物,即夏孢子。病斑四周具有黄色晕圈。严重时病斑连片甚至全叶黄枯,植株提前枯死。生长后期,在未破裂的夏孢子堆上产生表皮不破裂的黑色冬孢子堆。

防治方法:①选用抗病良种,如紫皮蒜、苍山蒜等。②合理轮作,避免葱、蒜混种,及时清洁田园,控制病菌侵染源。③发病初期喷洒20%三唑酮乳油2 000倍液,或15%三唑酮(粉锈宁)可湿性粉剂1 500倍液,或97%敌锈钠可湿性粉剂3 000倍液,或70%代森锰锌可湿性粉剂1 000倍液加15%三唑酮可湿性粉剂2 000倍液,隔10~15天1次,防治1~2次。

(5)灰霉病 大蒜灰霉病多发生在植株生长的中后期。从下部老叶尖端开始发病。病斑开始为水渍状,以后变为白色至浅灰褐色。病斑扩大后成为沿叶脉扩展的梭形或椭圆形,后期连接成长条形大病斑,湿度大时,病斑表面密生灰色至灰褐色、线毛状的霉层。严重时,全叶枯死。枯叶表面有不规则形的黑色菌核。下部老叶发病后,可继续蔓延至叶鞘及上部叶片,乃至整株叶片,使假茎甚至鳞茎腐烂,病部可见灰霉及黑色菌核。

防治方法:①选用抗病品种如苍山大蒜、二水早、嘉定白蒜等。②选择地下水位低、土壤排水性良好的地段种植,同时施用有机肥作基肥,增施磷、钾肥,合理密植,防止植株徒长。③发现病株及时拔除,并喷洒50%多菌灵或70%甲基托布津可湿性粉剂500倍液,或50%速克灵可湿性粉剂1 500倍液,或50%扑海因或50%农利灵可湿性粉剂1 000倍液。

(6)白腐病 主要危害叶片、叶鞘和鳞茎。初染病时外叶叶尖呈条状或叶尖向下变黄,后扩展到叶鞘及内叶,植株生长变弱,直至整株黄矮枯死,拔起鳞茎可发现表皮水渍状病斑,并长出大量白色菌丝,病部呈白色腐烂,菌丝层中生出大小0.5~1毫米的黑色小菌核,茎基变软,鳞茎腐烂。往往田间有中心发病

14

株引起成片枯死。

防治方法：①注意轮作换茬，早春及时追肥提苗，增强植株抗病力；发现病株及时清除。②播种前，种瓣用15%粉锈宁可湿性粉剂，或50%甲基托布津可湿性粉剂拌种，药剂用量为种瓣重量的0.3%。③发病初期，喷50%速克灵可湿性粉剂1 500～2 000倍液，或25%多菌灵可湿性粉剂400～500倍液。

2. 虫害

（1）根蛆　又叫蒜蛆、地蛆、粪蛆，是葱蝇的幼虫。主要为害葱蒜类。蛆形幼虫蛀食根部和鳞茎，常使须状根脱落成为"秃根"，鳞茎被取食后呈凸凹不平状，严重的腐烂发臭。有虫株叶片发黄、萎蔫，生长停滞，甚至死亡。

防治方法：①)选用麦茬地，深耕晒垡。②有机肥必须经过高温发酵，充分腐熟后再施用。在堆制有机肥时，用90%敌百虫粉剂150克，对水50升，稀释后喷洒在750公斤的有机肥中，充分混匀，可收到杀灭及预防种蝇的效果。③施用有机肥作基肥时，要深埋入土中并与种瓣隔离。④播种前剔除发霉、受伤、受热、受冻的蒜瓣，以免腐烂时招致种蝇和葱蝇产卵。选出的健康种瓣用90%敌百虫粉剂20倍液拌种，每50公斤种瓣用药液5公斤。也可以用50%辛硫磷乳油100～150毫升，加水25～30升稀释，拌种瓣200～250公斤，随拌随播。⑤幼虫发生初期用2.5%敌百虫粉剂撒在植株基部及周围土壤中。也可以将90%敌百虫粉剂800～1 000倍液，或40%乐果乳油1 000倍液，或除虫菊酯400倍液，或硫酸亚铁（黑矾）300～400倍液，装在喷雾器中，将喷头中的旋水片取出，把药液注入根部土壤中，可消灭早期幼虫。⑥在大蒜烂母期前追施2次氨水，可减轻根蛆为害，同时烂母期要少灌水，减少成虫产卵量。

（2）葱蓟马　又叫烟蓟马、棉蓟马。主要为害葱蒜类，1年

15

中以4~5月份和10~11月份发生危害较重。以锉吸式口器锉吸植株的心叶、嫩芽、叶鞘,使被害处形成黄白色斑点,数量多时黄斑密集成大形长斑,叶子逐渐发黄萎蔫。严重时被害叶片畸形,扭曲不正,甚至枯萎死亡。

防治方法:①避免连作,实行3~4年轮作。②及时清除田间杂草及枯枝落叶。③温暖干旱季节勤灌水,抑制葱蓟马的繁殖和活动。④勤检查,发现虫情后,及时喷40%乐果乳剂与80%敌敌畏乳剂1 500倍混合液。

五、采收加工

1. 采收

当蒜叶色泽开始变为灰绿色,植株上部尚有3~4片绿色叶片,假茎变软,外皮干枯,蒜头茎盘周围的须根已部分萎蔫时便可采收。适时采收的蒜头,最外面数层叶鞘失水变薄,在收获时和收获后的晾晒过程中多半脱落,里面3~4层叶鞘较厚,紧紧将蒜头包被,因此蒜头颜色鲜亮,品质好,如果收获太晚,全部叶鞘都变薄干枯,而且茎盘枯朽,则蒜头开裂,采收时易散瓣。

蒜头必须选晴天收获,而且在收获前后最好各有3天的晴天,这样挖蒜时蒜头外皮完整,而且晾晒时可迅速干燥,能提高贮藏质量。同样在晴天收获,如果收获前是雨天,则贮藏期间霉烂变质的蒜头增多,重量损失亦较大。土质粘重的地区,选晴天早晨当土壤较湿润时挖蒜;土质疏松的地区可用手拔出。

2. 加工

挖出蒜头后就地将根系剪掉,则留在茎盘上的根干燥后呈米黄色,而且质地紧实,以后蒜头不易开裂。如果是扎把贮藏,则应同时剪梢,留10~15厘米长的叶鞘;如果是编成蒜辫贮藏,则不用剪梢。修整之后,将蒜头向下,蒜秆向上,一排排摆放,后

16

一排的蒜秆盖在前一排的蒜头上,只晒蒜秆,不晒蒜头,以免蒜头被烈日晒伤。晾晒过程中注意翻动,使蒜头晾晒均匀。还要注意天气变化,防止雨淋。叶鞘短的早熟品种多采用扎捆贮藏,晒3～5天,蒜秆已充分干燥后扎成小捆,堆在阴凉处,待凉透后移至贮藏室。叶鞘长的品种多采用编蒜辫贮藏,将蒜秆晒至快干时,于早晨带露水运到阴凉处,将蒜头向外,蒜秆向内,堆成高2米左右的圆堆,使蒜秆回潮变软以便编辫。编好的蒜辫背向上,蒜头向下,晾晒3～4天,使蒜秆充分干燥。如果蒜秆未晒干就贮藏,易造成发霉、腐烂,致使蒜瓣脱落。

六、综合利用

我国是世界上大蒜的主要生产国和主要出口贸易国之一,大蒜及其产品远销东南亚、日本、中东、美洲、欧洲、越南和俄罗斯等国家及地区,为国家换取了大量外汇。

目前,国内外用大蒜为原料制成的调味品、保健食品、医疗制品、化妆品和工业品随着市场需求的不断增长日益丰富,从而促进了大蒜生产的发展。但同时也可看出,国内在大蒜研究应用方面还存在一些不足,如对大蒜临床研究落后于成分研究、药理研究,影响了大蒜医疗作用的发挥;在保健食品开发方面,仅有蒜粉、蒜片、蒜蓉、蒜油等加工,远不能满足国内外市场的需求。大蒜在食品工业、医药工业、化妆品工业、饲料工业以及农用杀虫剂制造业等方面的应用前景将愈来愈广阔,从而推动农村经济的发展。

山　奈

山奈为姜科植物山奈的干燥根茎,又名三奈、沙姜、山辣。

烹调中取其根茎作调味品,可增香添辛,除腥解异,增进食欲。其应用广泛,多在酱、卤、炖、烧、熏等技法中使用,同时又是五香粉、咖喱粉等多种复合香辛料的主料之一。山柰味辛辣,但有别于姜味,气芳香似樟脑。主要呈味成分为龙脑、桉油精、山柰酚、山柰素等。山柰入药,性温味辛。归胃经。具有行气温中,消食,止痛的功能。用于治疗胸膈胀满,脘腹冷痛,饮食不消。主产于广西、广东、云南、福建、台湾,四川也有栽培。

图1-2　山柰

一、植物形态

多年生宿根草本植物。块状根茎,单生或数枚连接,棕色,芳香,根粗壮,无地上茎。叶2～4枚,贴地面生长,近无柄,圆形或阔卵形,长7～13厘米,宽4～10厘米,绿色,有时叶缘及尖端有紫色渲染。穗状花序自叶鞘中生出,具花4～12朵,芳香,白色;萼管长2.5厘米。花冠长2.5厘米。侧生退化雄蕊倒卵状楔形,雄蕊无花丝;子房下位,3室,花枝细长,基部具有2细长棒状附属物,柱头盘状,具缘毛。蒴果(图1-2)。

二、生物学特性

山柰原产于亚热带,喜欢阳光充足、高温、湿润的气候条件,气温在30℃～35℃时,植株生长旺盛;不耐寒,气温在0℃以下时,地上叶片枯萎,地下根茎停止生长,幼芽会受冻害。生长过程中对水分要求不严,但干旱时间过长,叶子会枯萎;雨水过多,易发生腐败病。广西主产区年平均气温21.5℃,7月平均气温为28.6℃,极端高温39.2℃;1月份平均气温为12.3℃,极端低温 -3.3℃。年降雨量1 500~1 715毫米,相对湿度为75%~80%。在土层疏松肥沃、排水良好的砂质壤土植株生长良好,尤以新垦荒地为佳。粘土和排水不良的土壤,不适宜种植。

每年4~7月为抽芽展叶期,8月以后为根茎生长期,12月叶枯黄,根茎老熟。花期7~9月。

三、栽培技术

1. 选地整地

选择向阳、排水良好的地块或缓坡砂质壤土地种植,若选用生荒地种植更佳。不论是新垦荒地或熟地均要深翻过冬,使土层越冬风化。生荒地第2年春再耕耙1~2次。种植前15天,再进行1次浅犁耙,把地整平耙碎,每亩施厩肥、堆肥、草木灰等各1 000公斤,钙镁磷肥75~100公斤,花生麸50公斤,经混合堆积沤制后施下,起宽100~120厘米、高15厘米的畦。畦面整平整细,并在四周开好排水沟。

2. 种植方法

山奈以根茎分割繁殖。在每年12月收获时,选择生长健壮、无病害的植株留作种用。将选出种茎摊放在室内通风阴凉处,晾干水气。在地面铺一层河沙,上铺一层种茎,分层堆放高30厘米,上盖10厘米厚细沙进行贮藏。

在每年3月中、下旬至4月上旬种植。气温高地区可适当提前,气温低地区可适当推迟。取出沙藏的种茎,折取1年生的根芽(2年生者供药用),用草木灰把伤口涂好,随折随栽种。在整好的种植地畦面上,按行、株距20~25厘米开穴,每穴放种茎

3个,呈品字形排列,靠穴边斜放,芽眼向两侧,不宜倒放或平放。然后覆土平畦面,厚约6厘米,并用稻草覆盖畦面,淋足水。

3. 田间管理

种植后20~30天开始出苗,其后应经常除草培土。

(1)中耕除草 当幼芽长出地面时,气温逐渐升高,降雨增多,地内很容易滋生杂草。每月应进行中耕除草1次,中耕宜浅,并结合培土,到9月以后叶片已覆盖畦面,不宜中耕,以免损伤植株。除草可用手拔除,每隔1~2月进行1次。

(2)追肥 及时追肥,是栽培山柰获得高产的重要措施,一般进行3~4次。5~6月出齐苗后施第1次肥,每亩施腐熟人畜粪水1 000公斤或尿素5公斤,对水施入,以促进叶片生长,增加叶片光合作用。在7~9月是山柰长叶旺盛期,此时要加强田间管理,分别在7、8、9月各施肥1次,每次每亩用人畜粪水、堆肥、草木灰各750公斤,花生麸30公斤,过磷酸钙30公斤,混合沤制腐熟后,撒施株旁,施后浅松土后再培土,以加速根茎生长,提高产量。

(3)灌溉排水 如雨季水分多,土壤和空气湿度大,对山柰生长不利,常发生严重的腐败病,因此,在雨季到来后要加强排水,尤其大雨后应及时疏沟排水,使地内无积水,减少土壤湿度,防止涝害。到了9月份以后,降雨量逐渐减少,这时若有干旱天气,则适当浇水,保持土壤湿润,以利根茎生长。11月份以后则停止浇水,并加强雨后排水,以利提高质量和方便采收。

四、病虫害防治

1. 腐败病

山柰常发生的严重病害,病原为细菌。多发生在高温多雨季节。发病后根茎腐烂,植株萎凋。若大田发病,传染快,近年产区发病率轻者为20%～30%,严重的地块60%～70%,对山奈产量造成严重影响。

防治方法:①选择向阳、土质疏松、排水良好的砂质壤土生荒地种植,忌连作。②选择皮色鲜艳发亮、芽头多、健壮、饱满无病虫害的根茎作种。种前用20%草木灰浸渍液或1:1:100波尔多液浸种10分钟进行消毒。③雨季加强田间排水,并勤检查,发现病株及时拔除,病穴处撒上生石灰粉,防止病菌蔓延。

2. 金龟子

鞘翅目金龟科昆虫。以成虫咬食叶片,造成缺刻。

防治方法:发现危害时,用50%辛硫磷颗粒剂每亩2～2.5公斤撒施,或用50%马拉松乳剂1 000～2 000倍稀释液喷杀。

五、采收加工

每年12月至翌年3月,地上茎叶枯萎时采收。冬季霜冻时间长的地区在12月采收。用锄将全株挖起,除去须根和叶片。用水洗去泥沙,横切成3～5毫米厚的薄片,晒干;或用硫磺熏黄1天,取出摊在竹席上晒至足干。忌用高温炕干,以免气味散失,色变黑。以色白、粉性足、香气浓者为佳。鲜根茎折干率为20%左右。一般每亩产干货200～300公斤,高产可达400公斤。

六、综合利用

山奈药用历史悠久,是温中散寒良药,除药用外,还大量用作食用调味料。民间还用于防蚤虱蝥咬,以及衣服防虫。近年由于药用和食用调料用量不断增加,而生产发展缓慢,市场价格直线上升。因此可根据市场需求发展种植,满足药用和食用需要。

木　香

　　木香为菊科植物木香的根，又名广木香、云木香。烹调中入肴调味，可增香赋味，去除异臭，增进食欲。我国民间习惯用于酱、卤、炖、烧等技法中。常与其他香辛调料配制复合香辛料用于肉类加工。木香气芳香，味甜、苦，稍具刺舌感。主要呈味成分为木香内酯等。木香入药，性温味辛、苦。归脾、胃、大肠、三焦、胆经。具有行气止痛，健脾消食的功效。用于胸脘胀痛，泻痢后重，食积不消，不思饮食等。木香原产印度，20 世纪 40 年代引入我国云南栽培，20 世纪 50 年代由云南引入四川栽培，现云南、四川栽培较多。此外，贵州、广东、广西、西藏、湖南、湖北、陕西等省（区）也有栽培。以云南丽江地区和迪庆州产量最大，品质最佳，故又称云木香。

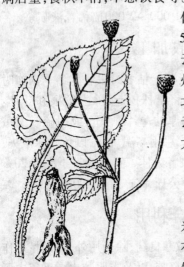

图 1-3　木香

一、植物形态

　　多年生高大草本，高 1.5～2 米。主根粗大，圆柱形，稍木质，有特殊香气。茎有细纵棱，被疏短柔毛。基生叶大型，长 30～100 厘米，宽 15～30 厘米，具长柄，叶片三角状卵形，叶缘微波状，两面具绒毛；茎生叶互生，三角形、卵圆形或椭圆形。头状花序，单生或 2～6 个簇生于茎顶或叶腋；管状花，暗紫色。瘦果长圆形有棱，

22

暗棕色,有冠毛。花期7~9月,果期8~10月(图1-3)。

二、生物学特性

木香喜冷凉湿润,耐寒,多栽培于海拔2 500~4 000米的高寒山区。主产区云南丽江鲁甸,海拔2 700~3 300米,年平均气温9℃,极端最高气温23℃,极端最低气温-14℃,年降雨量800~1 100毫米,无霜期150天左右,大雪封山近4个月,仍可正常越冬。据在四川不同海拔高度栽培比较,海拔在1 500米以上地区木香也能正常生长。海拔600~1 200米地区,7~8月平均气温25℃以上,日平均最高气温在30℃以上,木香生长不良,夏天死亡多,不宜栽培。

木香种子在10℃以上方能发芽,15℃左右为发芽最适温度。在土壤湿度适宜情况下,播种后发芽出苗随气温的升高而加速。秋播(9月中、下旬),10~14天开始出苗,15~20天为出苗盛期(约为出苗数的80%以上),当年仅生真叶2~3片,第2年只有根生叶,第3年开始抽薹开花。春播(3月中旬至4月上旬)15~30天开始出苗,25~40天为出苗盛期,第2年起有部分植株抽薹开花。

木香为深根性植物,入土深度30~50厘米或更深,要求土层深厚、疏松肥沃、排水良好的沙壤土或壤土,土壤酸碱度以pH6~7为宜。粘土、积水、土层浅薄的土壤不宜种植。

三、栽培技术

1. 选地整地

宜选择土层深厚、疏松肥沃、排水良好的向阳缓坡地种植,生地、熟地均可。生地种植,宜冬前深耕,将杂草等翻入土中,拣尽杂物,使土壤经风雪风化,以改善土壤的理化性质,每亩施充分腐熟的厩肥或堆肥1 500~2 000公斤,播种前再深翻1次,耙细整平,作1.2~1.3米的平畦或不作畦。熟地种植,宜播种前翻地,施肥造畦。前茬作物以玉米、当归等为好。可连作1~2次,但连作栽培时应注意增施肥料。

2. 繁殖方法

主要用种子繁殖,亦可用幼根繁殖,但因其质量差,产量低,现多不采用。

(1)选种 木香播种第2年后年年开花结实。在2~3年生地内,选健壮植株,不去花蕾,留作采种。8月中、下旬,当田间木香花柄变黄,花苞变为黄褐色,上部细毛接近散开时,采摘花苞,置于通风干燥处后熟7~10天,然后晒干,打出种子,除去杂物,置阴凉通风干燥处贮藏备用。

(2)播种

①种子处理。播种前将种子倒入泥水中。泥水浓度以1个鲜鸡蛋放入有1/5浮出水面为宜,不断搅拌,5~6分钟后,捞出杂物和浮种,下沉种子用清水洗净,再用40℃的温水浸泡1昼夜,捞出稍晾干,即可播种。

②播种期。春播、秋播、冬播均可。春播宜清明节前后;秋播在秋分左右(采种后立即播种);冬播可在11月中旬至冰冻前。应根据当地不同气候条件,选择适宜的播种期。

③播种方法。穴播、条播均可。穴播,在造好的畦面上,按行穴距33厘米开平底浅穴,穴径20厘米,深3~4厘米,每穴播种子5~8粒,种子在穴中应散开,不可成堆,每亩用种约1公斤。播后每穴撒施混合肥(堆肥或土杂肥)1把,再覆一层细土;条播,在畦上按行距40~50厘米开4~5厘米浅沟,将种子均匀撒在沟内,撒施混合肥,再覆细土即可。每亩用种约1~1.5公斤。

三、田间管理

1. 间苗补苗

秋播者于翌年5月上、中旬,春播者于6月下旬至7月上旬当幼苗长出3~4片真叶时,结合中耕除草进行匀苗,每穴留苗2~3株,缺株者同时进行补苗。苗高18~20厘米时,再进行1次查苗、补苗,以保证全苗。

2. 中耕除草

春播或冬播的第1年进行3次,第1次在齐苗后,及时拔除杂草,浅耕松土;第2次在苗高10~12厘米时;第3次在冬倒苗时进行,先割除枯残茎叶,再浅锄,并培土保根越冬。第2年于春、冬季各进行1次。第3年只在春苗出齐后,中耕除草1次。每年7~8月,当植株下部出现枯老叶时,应及时清除,以增加田间通风透光,促进根部发育。秋播的当年11月上旬,幼苗叶片将枯死时,进行浅锄,并培土覆盖幼苗,厚5~7厘米,以防严冬冻死幼苗及冰冻将幼苗掀起。其他管理同春播。

3. 追肥

木香生长快,需肥多,合理施肥可以提高产量。有条件的产区,每年应追3次肥,以农家肥为主,也可施化肥,一般在中耕除草时结合进行。苗期宜施稀人畜粪水;5~6月施稍浓人畜粪水,每亩1 000~1 500公斤或尿素3~4公斤;冬季施厩肥1 500公斤,饼肥30~50公斤及草木灰、土杂肥等于根际。

4. 去蕾

木香播种出苗后第2年就可开花结实,除计划留种的外,应将花蕾除去,减少养分消耗,使养分转移到根部,促进根的生长发育,以提高根的品质和产量。方法是在大部分花薹抽出后,用镰刀将花薹上部有花蕾的部分割去。

四、病虫害防治

1. 根腐病

一般在夏季 7～8 月间发生,发病后根部变黑腐烂。此病多因排水不良和中耕时伤根所致。

防治方法:①选地势高燥,排水良好的缓坡地种植;做好排水工作,防止地面积水。②中耕时勿伤根。③用 50% 多菌灵可湿性粉剂 1 000 倍液,或 65% 代森锌可湿性粉剂 500 倍液,或 1:1:200 波尔多液灌根或喷洒防治。

2. 蚱蜢

成虫和若虫咬食叶片成缺刻和孔洞,严重为害时,叶片被吃尽仅留叶脉。

防治方法:①冬季清除杂草,减少越冬虫源。②发生期用网捕杀或喷 5% 西维因粉。

此外,虫害还有:蚜虫,用 40% 乐果乳油800～1 500倍液喷杀;蚂蚁,用鲜松脂加黄蜡蒸过,涂于茎秆基部或用 40% 敌敌畏乳剂1 000～1 500倍液灌根;地老虎、蛴螬,人工捕杀、毒饵诱杀或黑光灯诱杀成虫,或用 90% 晶体敌百虫800～1 000倍液浇灌根部。

五、采收加工

1. 采收

一般生长 3 年便可收获,如海拔较低,温度较高,土壤肥沃,管理得好,也可 2 年收获。栽培年限过长,根部易空心,影响质量。9 月下旬至 10 月下旬为收获适期。当地上茎叶枯黄时,选晴天,割去茎叶,小心挖出全根,去尽泥土,忌用水洗,运回加工。

2. 加工

用刀切去根上残留茎秆及叶柄，按其自然生长状况，切成8～12厘米的小段，粗大的再纵切成2～4块。晒干后，放撞笼中撞去须根、粗皮、泥土，至表面呈灰黄色时即可。如遇阴雨，可用微火烘干。烘烤时，温度不能高于60℃，过高挥发油损失过多，影响品质。一般亩产干根300～500公斤。

六、综合利用

木香为常用中药，除供处方调配外，也是许多中成药的原料，如木香丸、木香顺气丸、木香槟榔丸、香连丸、香砂六君子丸等。作为食用增香调味品，人们使用亦较多。木香还是香料的原料之一，其所含挥发油经提取得到的精油是很好的定香剂，可作为调配高级香水、天然化妆品的香精。各地可根据当地自然条件和市场需求发展种植。

甘　草

甘草为豆科植物甘草、光果甘草或胀果甘草的根和根茎，又名甜草根、甜草、甜根子、甜甘草等。烹调中入肴调味，可赋甜增味，去异压腥，增进食欲，是我国民间常用之品。可磨粉泡汁代替蔗糖作甜味剂，但更多用于配制复合香辛料，用于肉类等调味。甘草具微弱香气，味甘甜而特殊。主要呈味成分为甘草甜素等。甘草入药，性平味甘。归心、肺、脾、胃经。具有补脾益气，清热解毒，祛痰止咳，缓急止痛，调和诸药的功能。用于脾胃虚弱，倦怠无力，心悸气短，咳嗽痰多，脘腹、四肢挛急疼痛，痈肿疮毒，缓解药性等。主产于新疆、内蒙古、宁夏、甘肃、青海、陕西、黑龙江、山西、河北及东北地区亦有野生和栽培。

27

一、植物形态

1. 甘草

多年生草本,高30~150厘米,全株被白色短柔毛。根茎圆柱状,多横走;主根长而粗大,外皮红棕色至暗褐色。茎直立,下部木质化。叶互生,奇数羽状复叶,小叶5~17,卵形或宽卵形,长2~5厘米,宽1~3厘米,全缘,两面均有短毛和腺体。总状花序腋生,花萼钟形;花冠蝶形,紫红色或蓝紫色;雄蕊2体(9+1);子房无柄,上部渐细呈短花柱。荚果条形,呈镰刀状或环状弯曲,褐色,密被刺状腺毛,内有种子4~8粒,种子肾形,褐色。花期6~7月,果期7~9月。

甘草　　　　　　光果甘草　　　　胀果甘草

图1-4　甘草、光果甘草及胀果甘草

2. 光果甘草

又名欧甘草。其特征为局部被有白霜和疏柔毛,不具腺毛,小叶长椭圆形或狭长卵形,上面无毛或有微毛,下面密被淡黄色柔毛。荚果长圆形,扁而直或略弯曲。

3. 胀果甘草

其特征为小叶3~5片,稀达7片,下面中脉无毛。荚果长圆形,短小而直,膨胀(图1-4)。

二、生物学特性

1. 生长发育习性

甘草地上部分每年秋末死亡,以根及根茎在土中越冬。翌年早春3~4月间从根茎上长出新芽,芽向上生长很快,长枝发叶,5~6月间枝叶繁茂,6~7月间开花结果,9月荚果成熟落地。野生状况下,因土地干旱不利于种子的萌发,故很少见到种子繁殖的实生苗。甘草根茎萌发力强,在地表下数米或数十米处呈水平状向老株的四周伸延。1株甘草数年可发出新株数十株,种后3年,在远离母株3~4米远处都能长出新的植株。它的垂直根茎与水平根茎均可长根,根系的深浅与土质和地下水位深浅有关,一般在1~2米范围内,以很深的根系吸收地下水来适应干旱的环境条件。

2. 对环境的要求

甘草分布的地区为大陆性气候地带,主要特征是干旱,温差大。冬季严寒,冻土层深达100厘米以上,极端最低气温-43℃,结冻期190天左右;夏季酷热,空旷的荒漠、半荒漠地带,7月份平均气温33℃,极端最高气温47.6℃;年平均气温3℃~6℃,无霜期130天左右。强光少雨,年降水量多在100毫米以内,空气相对湿度30%~40%。由于甘草具有抗寒、抗旱、喜光、耐热的特性,在上述生态条件下生长发育良好。

甘草适宜生长的土壤为沙质土、壤土、沙质灰钙土、草甸盐土、盐化草甸土。以土层下层湿润,上层高燥,土壤含盐量不超过0.2%为佳。

三、栽培技术

1. 选地整地

选择土层深厚的沙土或覆沙土；地下水位不宜过高，以1.5～2.0米为佳。所选的地块还应避开风口。选好地后，深翻土壤40厘米以上，每亩施2 500公斤腐熟厩肥，整平耙细，然后作成畦备用。

2. 繁殖方法

甘草可采用种子繁殖、根茎繁殖和分株繁殖。种子繁殖一般多用于扩大生产面积，根茎繁殖和分株繁殖多在老产区使用。

（1）种子繁殖

①采种。直播甘草第4年开花结实，根茎与分株繁殖者可提前开花结实。在8～9月种子成熟后，割下晒干，通过碾压获得种子，在通风干燥处贮藏。有野生分布的地方可以野外采集。因甘草种子含甜味素，虫蛀率较高，应通过水浸，淘去浮在上面的虫蛀种子。

②种子处理。甘草种子种皮坚硬，不透水不透气，硬实率高，不易发芽，若未经处理吸水非常慢，在各种温度条件下发芽率也很低，所以，播种前要进行处理。处理方法有3种，一是碾破法：用碾米机或碾子碾破种皮，使种子易吸水而发芽。此法快速简便，处理量大，处理后种子腐烂率低，是目前家种产区常用方法。二是摩擦法：用粗河沙或玻璃渣等与种子等量混合摩擦1小时，后水浸12小时，再将硬实继续摩擦，反复2～3次即可。此法处理量小，效率低，种子腐烂率高，适于少量种植使用。三是硫酸法：每公斤种子加入20毫升80%浓硫酸，用木棒搅拌均匀，使所有种子都粘上硫酸，在20℃环境中浸种2～3小时，种皮烧破后反复冲洗去掉浓硫酸。此法优点是一次处理量较大，

缺点是环境温度的变化使处理时间不好掌握,过长易使种子烧伤失去发芽力,过短硬实破除少。此外,浓硫酸腐蚀性大,易使人畜受伤,家种产区使用不多。

③播种。分直播和育苗移栽。直播:每年4～7月均可播种。无灌溉条件的地区最好在雨季播种。在整好并施足基肥的地上用播种机或人工播种,行距30厘米,播深3厘米,播种量每亩1.5～3公斤,播后覆土,可盖草保湿,2～3周出苗。育苗移栽:即先在苗圃地中育苗1年,翌年将苗移入大田种植。播种方法同直播,行距30厘米。移栽一般于秋末春初进行,在整好施足基肥的地上,将育好的1年生苗按行株距50厘米×30厘米栽植。每亩可栽6 000～7 000株。栽后第1、2次浇水一定要灌透,以后做好田间管理工作。

(2)根茎繁殖 甘草的无性繁殖能力很强,在春、秋季挖出根茎,截成7～10厘米的段,每段有芽1～2个,根据土壤湿度,埋入地下15～20厘米,可长成新株。行株距同育苗移栽。

(3)分株繁殖 甘草老株旁能自行长出很多新株,在春、秋季挖出,另行栽植。行株距同育苗移栽。

3. 田间管理

(1)间苗定苗 直播的当年苗高6厘米左右时间苗,种植当年应以10～15厘米株距定苗,第2年保持株距30厘米。

(2)中耕除草 甘草第1年苗小要勤除杂草,适时松土,松土由浅入深,亦可用除草剂除草。到第2年植株长大后,杂草已很难生长,可以不再进行中耕除草。

(3)追肥 播种或种植时除施基肥外,在每年生长期,可于早春追施磷、钾肥,每亩施草木灰或堆肥1 500～2 000公斤,过磷酸钙30公斤,以促进根部生长。秋末甘草地上部分枯萎后,可每亩田用2 000公斤腐熟农家肥覆盖畦面,以增加地温和土壤肥力。由于甘草根具有根瘤,有固氮作用,所以,一般可不追施氮肥。

(4)灌溉排水　甘草无论用直播还是根茎繁殖,在出苗前都要保持土壤湿润。出苗后,因甘草抗旱性强,一般自然降水可满足其生长需要。但久旱时应浇水,浇水次数不宜过频,但每次均应浇透,以利于根系向下生长。雨季要注意排水。

四、病虫害防治

1. 病害

(1)锈病　染病的叶背面产生黄褐色疱状病斑,表皮破裂后散出褐色粉末,这为病原菌的夏孢子堆,8~9月形成黑褐色冬孢子堆,从而导致叶片枯黄,严重时脱落。

防治方法:①增施磷、钾肥,提高植株抗病力。②清除病残株,集中烧毁。③发病初期用15%粉锈宁1 000倍液,或97%的敌锈钠400倍液喷雾防治。

(2)褐斑病　危害叶片,受害叶片产生圆形或不规则病斑。病斑边缘褐色,中间灰褐色,在病斑的正反面均有灰黑色霉状物。

防治方法:①冬季清园,处理病残体。②发病初期用65%代森锌或50%的代森锰锌500倍液,或70%甲基托布津可湿性粉剂1 500倍液,或1∶1∶100波尔多液喷雾。

(3)白粉病　被害叶片如撒上一层白粉,后期叶片变黄,使植株生长不良。

防治方法:①清园处理病残体。②用70%甲基托布津可湿性粉剂1 500倍液,或15%粉锈宁800~1 000倍液喷雾防治。

2. 虫害

(1)叶蝉　主要有榆叶蝉、小绿叶蝉等为害,在甘草的整个生长期发生,6月下旬至8月中旬为害最盛。以若虫、成虫吸食甘草的叶、幼芽、幼枝,先呈现银白色点状斑,随后叶片失绿呈淡黄色,最后脱落。

防治方法:①清除甘草田周围的榆树及其他叶蝉类越冬寄主。②为害高峰期用2.5%的溴氰菊酯1 000～1 500倍液喷雾防治。③用草蛉、瓢虫等天敌进行生物防治。

(2)叶甲　以榆兰叶甲、黄斑叶甲为主要种类,是河套滩地、湖泊淤积地等滩地甘草的主要食叶害虫。成、幼虫均取食甘草叶,为害后叶片千疮百孔。被害甘草残留叶片枯黄,脱落,严重影响光合作用,植株生长不良。主要为害期7月中旬至8月下旬。年发生2～3代,以成虫在杂草丛间、植株残体下、土块、土缝内越冬。

防治方法:①越冬前清除田间残枝落叶,用灌溉等方法杀灭越冬虫源。②在5～6月越冬代虫口密度较大时,用4.5%甲敌粉、2.5%敌百虫粉防治,每亩用药2.5公斤左右。③在发生盛期用2.5%溴氰菊酯2 000～4 000倍液喷洒。

(3)短毛草象　为取食甘草茎叶的一种绿色小象虫。此虫为害期长,一般甘草田5～9月均可见到。为害盛期7～8月上旬。主要取食叶片,取食后叶缘呈缺刻状。年发生2～3代,以成虫或初龄幼虫在树皮缝隙、甘草及杂草根际越冬。

防治方法:①秋季结合打草,破坏其越冬场所,降低越冬基数。②喷施2.5%溴氰菊酯1 000～5 000倍液,每亩喷药液45公斤。

(4)甘草种子小蜂　成虫产卵于青果期的种皮上,幼虫孵化后即蛀食种子,并在种内化蛹,成虫羽化后,咬破种皮逃出,被害种子被蛀食一空,种皮和荚上留有圆形小羽化孔。此虫对种子产量影响很大。

防治方法:①处理种子,清除虫籽或用西维因粉拌种。②发生期,尤其是幼虫期用40%乐果乳油1 000倍液喷雾。

(5)宁夏胭珠蚧　是甘草根部一种刺吸式害虫,除严重为害野生甘草外,内蒙古、宁夏、甘肃等地人工栽培甘草中均遇到过此虫毁灭性为害。该虫1年1代,以初孵若虫在寄主根际越冬,生活史中仅有成虫阶段短暂活动于地面,其他阶段均生活于地下。主要为害期为每年5月上旬至8月上旬,为害期寄主根茎上可见被有蜡壳的蛛形红色球体。

防治方法:防治最佳时期是3月下旬到5月上旬的越冬若虫寻找寄主期及8月上旬至下旬前的成虫交配产卵期。前期可用内吸性杀虫剂开沟灌施,后期可喷粉、喷雾触杀。

此外,出苗阶段还有蝼蛄、何氏东方蟹甲,成株期还有黑皱鳃金龟子、黄褐异丽金龟、金针虫、拟步甲等地下害虫。另有甘草豆象、甘草透刺蛾等为害,应用常规农药防治即可,并应注意做好冬前打草,消灭越冬虫源,及时清除受害植株等。

五、采收加工

1. 采收

种子繁殖的甘草一般生长4年后采收,根茎或分株繁殖的生长3年即可采收。采收时间以晚秋为好,也可在春季发芽以前进行。采挖时应顺着根系生长方向深挖,尽量不刨断,不伤根皮。也可用55型铁牛橡胶轮拖拉机,犁的深度45厘米左右,每次犁1行,然后人工用四齿把将犁出的甘草根拣出来,再犁第2行,此法可提高采收效率。

2. 加工

挖出的甘草抖去泥土(不得用水洗),去掉芦头,按主根、侧根、支杈分别剪下晾晒,半干时再按不同等级捆成小把,然后晒至全干,即成甘草成品。

六、综合利用

甘草应用领域十分广泛。中医素有"十方九草"之称。据现代研究,甘草不但有补脾益气,清热解毒,祛痰止咳,缓急止痛作用,而且还有防治病毒性肝炎、高脂血症、艾滋病等作用。在轻工食品方面,被广泛用作糖果、蜜饯、饮料、啤酒、卷烟、酱油等的添加剂。在农副业方面,甘草不仅是收入较高的经济作物,而且是很好的防风固沙、改良盐碱地的理想植被,其枝、叶还是牧区的良好饲料。同时,甘草又是我国传统的大宗出口创汇商品。因此,大力开发甘草具有很好的社会、经济和生态效益。

生　姜

生姜为姜科植物姜的新鲜根茎。生姜是常用调味品,入菜肴可去腥解腻,赋辛增香,调和滋味,并能增进食欲。其主要呈味成分为姜烯、姜醇、姜油酚等。生姜入药,性微温味辛。归肺、脾、胃经。有解表散寒,温中止呕,化痰止咳的功效。用于风寒感冒、胃寒呕吐、寒痰咳嗽等。除了东北、西北寒冷地区外,南部和中部,如广东、广西、浙江、安徽、四川、山东等省、自治区均有种植。

一、植物形态

多年生草本,高50~80厘米。根茎肥厚,断面黄白色,有浓厚的辛辣气味。叶互生,排成2列,无柄,几抱茎,叶舌长2~4毫米。叶片披针形至线状披针形,长15~30厘米,宽1.5~2.2

35

厘米,先端渐尖,基部狭,叶基鞘状抱茎,无毛。穗状花序椭圆形,长 4~5 厘米;苞片卵形,长约 2.5 厘米,淡绿色,边缘淡黄色,顶端有小尖头;花萼管长约 1 厘米,具 3 短尖齿;花冠黄绿色,管长 2~2.5 厘米,裂片 3,披针形,长不及 2 厘米,唇瓣的中间裂片长圆状倒卵形,黄绿色,具紫色条纹和淡黄色斑点,两侧裂片卵形,黄绿色,具紫色边缘;雄蕊 1,暗紫色,花药长约 9 毫米,药隔附属体包裹住花柱;子房 3 室,无毛,花柱 1,柱头近球形。蒴

图 1-5　生姜

果。种子多数,黑色。花期 8 月(图 1-5)。

二、生物学特性

1. 生长发育习性

生姜从播种到收获的生长周期为 170 天左右。完成 1 个生长周期要顺序经过发芽期、幼苗期、旺盛生长期和根茎休眠期 4 个时期。发芽期是指从种姜幼芽萌动开始,到第一片姜叶展开,包括催芽和出苗的整个过程,大约需要 40~50 天;幼苗期是指从展叶开始,到具有两个较大的侧枝(俗称"三股杈"或"三马杈")时期,此为幼苗期结束的标志,约需 60~70 天;旺盛生长期是指从三股杈后(北方约在立秋前后)分枝迅速增加和叶面积

36

大量扩展,地下部根茎随之加速生长和膨大,直至收获,大约需65～75天;根茎休眠期是指霜降以后,当气温下降地上部分枯萎,根茎被迫进入休眠期。

2. 对环境的要求

（1）土壤　生姜根系不发达,在土壤中分布浅,吸水吸肥能力较差,既不耐旱又不耐涝,因此最适宜在土层深厚、土质疏松、有机质丰富、通气良好而又便于排水的土壤栽培。生姜不同生长期对土壤酸碱度要求不同,幼苗期对土壤酸碱度的适应性较强,在 pH 值 4～9 的范围内,幼苗生长差异不明显。在茎叶生长期或根茎生长期,则以 pH 值 5～7 为宜。土壤过酸、过碱,均影响茎叶的生长和根茎的产量。

（2）温度　生姜喜温暖而不耐寒、不耐霜,其不同生长时期对温度的要求不同。种姜在 16℃ 以上从休眠状态开始发芽,16℃～20℃时发芽缓慢,发芽适温为22℃～25℃,高于 28℃幼芽徒长,瘦弱。茎叶生长期以20℃～28℃为宜。在根茎生长旺期,要求有一定的昼夜温差,白天温度稍高,保持在25℃～28℃,夜间温度稍低,以17℃～18℃为佳;低于 15℃以下时停止生长。在冬季寒冷地区,一般早霜来临时,茎叶便遇霜而枯死,如遇强寒流,根茎亦会遭受冻害,故一般在霜期来临前收获。

（3）水分　生姜为浅根性作物,根系不发达,不能充分利用土壤深层的水分,因而不耐干旱,幼苗期,植株生长缓慢,需水量少,但因幼苗抗旱力弱,为保证幼苗生长健壮,应保持土壤湿润。旺盛生长期,生长速度加快,需要大量水分,特别是根茎迅速膨大时期,应根据需要及时浇水,保持土壤湿润,若遇干旱缺水,不仅影响产量,而且使其品质变差。

（4）光照　生姜为耐阴作物,不耐强光。幼苗期如遇高温强光,不利扎根与展叶,故不论南方或北方均应进行遮荫。但在生姜生长盛期则要求中上等光照强度,以利光合作用进行。生姜根茎的形成,对日照长短的要求不很严格,长、短日照均可形成根茎,但以自然光照条件下根茎产量较高。在每天8小时的短日照下,茎叶和根茎的生长均受影响。

三、栽培技术

1. 栽培季节

生姜喜温暖,不耐霜,因此要将生姜的整个生长期安排在温暖无霜的季节。具体确定姜的播种期需要考虑以下几个条件:霜后地温稳定在16℃以上播种;根据姜的生物学特性,从出苗至初霜适于生姜生长的天数应在135天以上;要把根茎形成期安排在昼夜温差大而温度又适宜的月份,尤其是根茎旺盛生长期,要有一定日数的最适宜温度。

生姜应适期播种,不可过早或过晚。播种过早,因地温低,迟迟不能发芽。播种过晚,则生长期短,造成减产。根据上述要求,我国姜的播种期从南向北逐渐推迟。广东、广西等无霜区从1~4月均可播种,7~12月随时收获;长江流域于4月下旬至5月上旬播种;华北地区于5月上旬至5月中旬播种,于霜前收获。

2. 选地整地

(1)土地选择 生姜根系不发达,在土壤中分布浅,吸水吸肥能力差,怕旱怕涝,忌连作,因而姜田应选择土层深厚、有机质丰富、保水保肥、灌溉排水方便的沙壤土或粘土栽培。有条件时,应实行3~4年以上的轮作,近2~3年内发生过姜瘟病的地方不可种姜。

(2)整地施肥 姜生长期很长,必须施足基肥。通常于前茬作物收获后进行秋耕(南方为冬耕),风化土壤,翌春耙细、耙平。结合翻地,亩施腐熟的有机肥3 000公斤、过磷酸钙50公斤。一般采用平畦开沟播种。沟距48～52厘米,沟宽25厘米,沟深10～12厘米。

3. 种姜处理

(1)选种　作种用的姜应在头年从生长健壮、无病、高产的地块选择。收获后选择肥大、丰满、皮色光亮、肉质新鲜、不干缩、未受冻、质地硬、无病虫伤疤的姜块作种。

(2)晒姜及困姜　即晒姜催青。晒姜的目的主要是提高姜块温度,加快发芽速度;减少姜块水分,防止姜块腐烂;有利于选择健康无病的姜种。于播种前20～30天(北方多在清明前后,南方则在春分前后),从窖内取出种姜,用清水洗净泥土,平铺在草席或干净的地上晾晒,傍晚收进室内,防止夜间受冻。

晒晾1～2天后,再把姜块置于室内堆放3～4天,姜堆上盖以草帘,促进养分分解,这叫"困姜"。晒姜和困姜交替进行2～3次,即可开始催芽。晒姜时要注意适度,不可过度。尤其是较嫩的姜种,不可曝晒。中午,阳光过强时,应用席子遮荫,以免种姜失水太多,姜块干缩,出芽细弱。

(3)催芽　催芽的目的是促进种姜幼芽快速萌发,使其出苗快而整齐。方法是最后1次晒姜的中午,将种姜装入竹筐内,置于炊事炉灶上,或铺放于炉灶上方的炕楼(用竹竿编扎的架子),利用余热提高种姜内部的温度,促其早发芽,发芽整齐。另一种催芽方法是用堆肥、泥土、草木灰拌和均匀后,与种姜分层堆积催芽。各产区催芽方法虽有差异,但都是以提高温度的手段来促使早发芽。催芽的温度应掌握在22℃～25℃,不可过高,而且应间歇加温,避免种姜的水分散失过多,否则芽细瘦,产量低。一般催芽15天左右,以芽开始发白,发芽已达2/3以上时,即停止催芽。

（4）种姜分切与留芽　催芽后的种姜按芽的生长情况分切成若干小块，每块重量四川产区为33～40克，山东产区为30～120克。每块种姜只保留1～2个壮芽，瘦小的芽则全部削去，这样出苗的主茎生长所需营养充足，幼苗健壮、整齐，这一措施四川产区称为排芽。种姜大小对植株生长势和根茎产量的影响很大，一般种姜大，产量高；种姜小，产量低。

4. 播种

（1）浇底水　姜出苗时间长，若土壤水分不足，会使出苗延迟，影响产量。因此，在播种前1～2个小时，可先在垄沟内浇透底水，以保证幼芽顺利出土。但注意浇水量不宜过大，否则姜垄湿透，无法下地播种。此后至出苗前不再浇水。

（2）播种量　生姜的播种量受姜块大小和种植密度影响。一般高产优质栽培用种块大、用种量也多；普通地块和新发展的种姜区，用种量可略少。实际上，用种量多，虽然当时投资高，但姜种不烂，还可以收回，因此，种姜应适当大些。姜的种植密度因地区和土壤肥水而异。一般北方地区以每亩7 000～9 000株为宜，高肥水田宜稀，低肥水田宜密。南方地区，姜的生长期长，生长旺，密度宜稀些，以每亩4 000～5 000株为宜。

（3）播种　底水渗下后即可播种。有平播法和竖播法两种。平播法是将姜块水平放在沟内，使幼芽方向保持一致，如东西向沟，姜芽一律向南；南北向沟，姜芽一律向西。放好姜块后，用手将其轻轻按入泥中，使姜芽与土面相平即可，并随手扒下部分湿土，盖住幼芽，以防受强光灼伤。这种播种方法，姜种与新株姜母垂直相连，以便以后扒老姜。竖播法是把姜芽向上，种姜与新株上的姜母上下相连，不易扒老姜。种姜排好后，覆土并整平。覆土厚度以4～5厘米为宜；过厚，下部地温低，不利于发芽；过薄，表土易干，同样影响发芽。

5. 田间管理

（1）遮荫　生姜为耐阴植物，不耐高温，不耐强光，在遮荫状态下生长良好，因此，生姜必须采取遮荫栽培，否则光照过强，会抑制生姜生长，导致株矮秆细，生长不良。但过度遮荫，满足不了生姜对光照的要求，也可导致同化物积累少，运送到根茎的养分减少，影响根茎膨大。所以，生姜管理中，有"三分阳，七分阴"的说法。遮光度一般以 60% 为宜。

遮荫的方法很多。北方传统的遮荫方式是"插姜草"，又称"插影草"，即用谷草插成稀疏的花篱为姜苗遮荫。没有谷草时，可用玉米秸、树枝等作遮荫材料。南方栽培则多以搭棚方式遮荫。立秋以后，当气温降到 25℃ 以下时，为促进姜棵生长，防止茎叶徒长，应及时去掉遮荫物，一般长江流域是在 8 月下旬，而山东地区是在 8 月中旬。

（2）中耕除草　生姜根系少，生长弱且分布浅，因而出苗后不宜多中耕和深中耕。露地栽培者出苗后浅锄 1~2 次，划破地皮破除板结即可，生长期只拔草不中耕，姜棵处杂草从地面基部剪除，以免拔棵带动姜根，影响正常生长。

人工除草十分费工，近年来各地多用化学除草剂，效果良好。姜田常用的除草剂有：除草通（亩用量 150~200 克）、拉索（亩用量 200 克）、氟乐灵（亩用量 75 克）或胺草磷（亩用量 300克），上药之一，于播种后 2 天，加水喷雾于地表即可。

（3）追肥　生姜极耐肥，除施足基肥外，应多次追肥。发芽期主要靠种姜养分生长，不需追肥。

幼苗期，植株小，需肥不多。可在苗高 30 厘米左右施 1 次壮苗肥，每亩追尿素 10 公斤，或随水冲入人粪尿 1 000 公斤。

立秋前后，姜苗多处在三股叉阶段，这是生姜追肥的大好时机。试验证明，采取"三配合"的方法追肥，增产效果明显。具体方法:一是化肥与人、猪粪配合,即硝酸铵 10%,硫酸钾 10%,人、猪粪 80%,开沟追施,覆土踏实;二是草木灰与土杂肥配合,即草木灰 30%,加水搅拌后,与 70% 土杂肥配合,顺垄追施;三是牛、羊粪与鸡、鸭粪各 50% 混匀,施后封沟、浇水。混合时,可适量加入辛硫磷或敌百虫农药,以防害虫。

(4)灌溉排水　生姜喜湿怕涝,不耐干旱,故应合理浇水。

发芽期为保证顺利出苗,在播种时已浇透底水,因此,通常到出苗 70% 时浇第一水。浇水太早会使土壤板结,影响幼芽出土;太晚姜芽受旱,芽尖易干枯。以后浇水应以保持土壤湿润为度。

幼苗期植株生长较慢,需水少,但不可缺水,前期以浇小水为宜,浇后土壤见干见湿时,进行浅锄,松土保墒;幼苗后期,天气炎热,土壤蒸发量大,土壤易干旱,应适当增加浇水次数,但注意不要在中午浇水。雨季应及时排水防涝,防止姜块腐烂。

立秋后,植株生长加快,根茎迅速膨大,需水量增加,要增加浇水次数。一般每 4~6 天浇 1 次大水,保持土壤湿润状态。收获前 3~4 天浇 1 次水,以便收获时姜块上带潮湿泥土,有利于下窖贮藏。

(5)培土　生姜的根茎在土壤中生长,要求黑暗、湿润条件,因此,在根茎膨大期应及时培土。山东各姜区一般在立秋前后,结合拔姜草和大追肥进行第 1 次培土,把原来沟背的土培到植株基部,变沟为垄。以后结合浇水进行第 2、3 次培土,逐渐把垄面加宽、加厚,为根茎生长创造良好的条件。一般培土 3 次即可。

四、病虫害防治

1. 病害

(1)姜腐烂病　又称姜瘟病、姜腐败病、姜软腐病等,我国各大姜区常普遍发生。发病时,一般先在茎基部和根茎上部侵染,病部呈水渍状黄褐色,失去光泽后软化腐烂。叶片自下而上逐渐枯黄反卷,呈倒伏状。姜块受侵染时,呈水渍淡褐色,内有白色恶臭粘液,表皮变软,继而腐烂成空壳,直至全株枯死。

防治方法:①应严格选种,实行轮作,注意忌与茄科作物和花生轮作套种。②选择地势较高的地块,以利于排水,田间应设好排水沟,防止田间积水。③严格选用无病姜种,杜绝姜种传病。④用20%草木灰浸渍液浸种,或用波尔多液浸种10分钟。⑤拔除病株,病穴撒石灰或漂白粉。

(2)姜斑点病　主要为害叶片,叶斑黄白色,梭形或长圆形,长2～5毫米,病斑中部变薄,易破裂或穿孔,严重时病斑密布,影响光合作用,植株长势减弱或停止生长。

防治方法:①避免连作,增施有机肥和磷、钾肥,提高植株抗病能力。②发病初期,叶面用70%甲基硫菌灵可湿性粉剂和75%百菌清可湿性粉剂等量混合1 000倍液喷施,隔6～7天喷1次,连续防治3～4次。

(3)姜叶枯病　发生不很普遍,在全国分散发生,除小部分地区外,一般发生较轻。发病时期多在7～8月份雨水较多时,病情发生较快。该病发病初期在姜叶的周围发生黄褐色枯斑,并逐渐扩大到叶面,然后整个叶片枯黄而变成褐色。病斑表面有黑色小粒点。该病在田间多零星分布,一般不会造成成片死亡,危害较轻,但严重时也会影响生姜产量和商品质量。

防治方法:①在播种前,严格进行选种,搞好消毒工作,以防止姜种带菌。②加强田间管理,及时中耕除草,追施有机肥料,增施钾肥,提高姜苗的抗病能力。夏季高温干旱时要及时浇水培土,雨后要注意排涝。③发病初期用50%多菌灵300～400倍液在收母姜后灌穴,或800～1 000倍液进行喷雾。

2. 虫害

(1)姜弄蝶　又名苞叶虫。以幼虫为害叶片,先将叶片做成筒状的叶苞,后在叶苞中取食,使叶片成缺刻或孔洞,1年发生4代,以幼虫在地表枯枝落叶上越冬。4月上中旬出现第1代幼虫,7～8月为发生盛期。卵散产于寄主嫩叶上,孵化后幼虫吐丝缀叶做苞并于其中为害。

防治方法:①冬季清洁田园,烧毁枯枝落叶,消灭越冬幼虫。②人工捕杀虫苞。③幼虫发生初期用90%敌百虫800～1 000倍液,或80%敌敌畏1 500倍液喷雾毒杀,5～7天喷1次,连喷2～3次。

(2)玉米螟　第3、4代为害姜苗,7月下旬到8月上旬产卵于姜叶上,初孵幼虫从茎的基部钻孔蛀入,蛀食为害茎,造成顶端萎蔫干枯,幼虫具转株为害习性。

防治方法:①每亩用200～300克Bt乳剂喷幼苗和心叶,或用80%的敌百虫200倍液灌心叶,或用50%杀螟松乳油1 000倍液喷雾淋心。②种植玉米诱集带,降低植株受害率。在6月下旬至7月上旬在田间周围或田边每亩种上100株玉米,诱成虫产卵,集中消灭。

此外,在生长期还有疮痂病、炭疽病、白星病、茎干腐病、青枯病、花叶病毒病等发生,以及常见的地老虎、蛴螬、蝼蛄等地下害虫为害,用常规方法防治。

五、收获加工

1. 收获

根据需要不同,生姜收获可分为收老姜、嫩姜和鲜姜。

老姜可以与鲜姜一起收获,如果市场生姜紧缺,也可以提前收获。掏老姜的方法是:在姜棵的北面,用小铲轻轻扒去种株上的泥土,露出老姜,用手指按住主茎与种姜连接处的老姜部位,然后在离主茎5~6厘米处,在老姜前侧插下铲刀,轻轻上翘使老姜与主茎脱离并取出,然后用土封好姜株,连浇两水,使疏松的土壤与姜根密接起来。扒老姜时切勿振动姜苗,并防止伤根。扒老姜后如遇阴雨天气,易造成姜株根茎腐烂。另外,在姜腐烂病严重的地方,由于扒老姜造成伤口,利于病原菌侵染,故不宜提前收获。待霜降后一起收老姜,老姜重量会减少20%左右。

收嫩姜即在姜株根茎旺盛生长期,趁姜块鲜嫩提前收获。此时姜块组织柔嫩,姜丝少,辛辣味淡,适于腌渍、酱渍,或加工糖姜片等多种加工品。

收鲜姜一般在初霜到来之前,地上茎叶尚未霜枯时收获。收获前3~4天,先浇1水,使土壤湿润,便于收获。收获时刨松土壤,抓住茎叶整株拔出,轻轻抖掉泥土,然后自茎秆基部(保留2~3厘米地上茎)掰去或用刀削去地上茎,随即将带有少量潮湿泥土的鲜姜入窖贮藏,无需晾晒。如晾晒鲜姜外皮干燥,影响商品质量。留种者要经棵选、块选,单独贮存。

2. 贮藏保鲜

生姜生长期长,每年只能栽培1季,要实现周年均衡供应,必须搞好贮藏。生姜贮藏总的要求是不受冻、不受热、不受潮、不发病、不腐烂。适宜温度为11℃~13℃。15℃以上,姜的呼吸加快,消耗养分多,且易发芽。较高的相对湿度(90%以上),有利于生姜贮存,使其不失水,保持新鲜状态。

生姜的贮藏方法主要有窖藏、埋藏、堆藏等。

3. 加工

(1)药用姜 将鲜姜用烘房或用火炕加热干燥,干品装入撞笼中来回推送去掉泥沙、粗皮即得干姜成品。一般加工1公斤干姜需要5公斤鲜姜。

（2）咸姜　取鲜姜洗净去皮,冲洗晾干后进行盐渍。每100公斤姜加食盐30公斤。在缸内1层姜1层盐放好,每天倒缸2次,腌制6~8天后,每天倒缸1次,1个月后即可封缸贮存。

（3）盐姜丝　鲜姜洗净去皮,用刀切成丝,每100公斤姜拌食盐20公斤,晒干即成姜丝。

（4）糖姜片　选肥嫩鲜姜洗净去皮,切成0.5厘米厚的薄片,放沸水中煮至半熟(呈透明状)时取出,放入冷水中冷却。捞出沥干水分后,每100公斤姜加白糖35公斤,分层糖渍24小时,再将姜片糖液倒入铜锅中加白糖30公斤,煮沸浓缩至糖浆可拉成丝为止。捞出姜片沥去糖浆晾干,再放入木槽内拌白糖10公斤左右。筛去多余的糖即成糖姜片。

（5）姜粉　鲜姜经挑选后,清水洗净沥去水分,切成3~5毫米厚的薄片。用60℃~70℃烘干,粉碎,过60目筛,单独或与其他调味料拌匀后使用。

六、综合利用

生姜主要作为调味品使用,目前其加工品亦很多,如咸姜、盐姜丝、冰姜、糖姜片、蜜渍生姜、糖醋嫩姜、五味姜、酱制姜片、速溶姜晶、姜粉等,有些已远销海外,成为出口创汇产品。姜药用食用量均较大,受经济利益驱动,市场行情常大起大落,种植生姜前应进行广泛的市场调研。

白　　芷

白芷为伞形科植物白芷或杭白芷的干燥根。烹调中作调味品,可增香添味,去除异臭,增进食欲,常与其他香辛调料配合,用于酱、卤、炖、烧、煮等及制备复合香辛料。白芷具芳香气,味微辛、苦,主要呈味成分为白芷素、白芷醚等。白芷入药,性温味辛,归肺、胃经。有解表,祛风燥湿,消肿排脓,止痛的作用。用于感冒头痛,眉棱骨痛,鼻塞,鼻渊,牙痛,白带,疮疡肿痛等。全国各地均有分布,野生家种均有,目前商品主要来源于家种。

一、植物形态

1. 白芷

多年生草本,高可达 2～2.5 米。根粗大,直生,近圆锥形,长10～24 厘米,直径2～5 厘米,外皮黄褐色,有数条支根。茎粗壮中空,近圆柱形,常带紫色,有纵沟纹,近花序处有短柔毛。叶互生,茎下部叶卵形至三角形,2～3回三出式羽状全裂,最终裂片披针形至矩圆形,有长柄,叶柄基部扩大成半圆形囊状叶鞘;

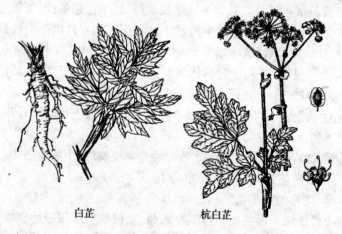

白芷　　　　　　　　杭白芷

图1-6　白芷及杭白芷

茎上部叶简化为叶鞘。复伞形花序,伞幅18～70 不等,总苞片常缺或1～2,呈膨大的鞘状,小总苞片14～16,狭披针形。小花白色无萼齿。花瓣 5 枚,先端内凹,雄蕊 5 枚,花丝细长,伸出于

47

花瓣外。双悬果扁平椭圆形,分果侧棱成翅状,花期6~7月,果期7~9月。

2. 杭白芷

为白芷的变种,与白芷形态相似,但植株相对较矮(1~2米高),根圆锥形,上部近方形,具4棱。茎和叶鞘多为黄绿色,复伞形花序密生短柔毛,伞幅10~27,小花黄绿色,花瓣5,顶端反曲,双悬果扁平,具疏毛。花期5~6月,果期7~9月(图1-6)。

二、生物学特性

1. 生长发育习性

白芷一般为秋季播种,成熟种子当年秋季发芽率为70%~80%,在温、湿度适宜条件下,15~20天出苗,隔年种子发芽率显著降低或不发芽。幼苗初期生长缓慢,以小苗越冬;第2年为营养生长期,4~5月植株生长最旺,4月下旬至6月根部生长最快,7月中旬以后,植株渐变黄枯死,地上部分的养分已全部转移至地下根部,进入短暂的休眠状态(此时为收获药材的最佳期)。植株8月下旬天气转凉时又重生新叶,继续进入第3年的生殖生长期,4月下旬开始抽薹,5月中旬至6月上旬陆续开花,6月下旬至7月中旬种子依次成熟。因开花结籽消耗大量的养分,所以留种植株的根部常木质化变空甚至腐烂,不能作药用。

种植白芷为2年收根,3年收籽,不可兼收。

2. 对环境的要求

(1)土壤 白芷是一种以根入药,主根粗大的深根性植物,适宜在土层深厚、疏松肥沃、排水良好而又湿润的土壤栽培,一般在夹沙土、黑沙土或冲积壤土上生长发育良好。在较粘或板结的土壤种植,易导致主根短且分叉多,影响产量和质量。

(2)温度 白芷喜温暖气候亦能耐寒,在生长发育期间对温度的适应范围较大。种子发芽喜变温条件,恒温下发芽率明显降低。种子发芽的变温范围以 10℃~25℃ 为佳;冬季在土壤湿润的条件下,幼苗能耐受6℃~8℃的低温。在黄河以北地区,冬季地上部分枯萎,以宿根越冬,而在长江以南地区,冬季地上部仍能存活,只是生长较慢,到炎热的夏季来临,有时才出现叶黄枯萎现象。

(3)水分　以土壤湿润为度。种子出苗期间既怕干旱又怕积水,播种后缺水会影响出苗,幼苗期干旱易造成缺苗,但雨水太多,容易发生烂种。营养生长期需水较多,生长中后期水分过多则易发生烂根,但缺水根部容易发生木质化或难以伸长形成分叉,影响药材品质。

(4)光照　白芷性喜向阳、日照充足的环境。光照能促进白芷种子发芽,光照充足使地上部生长旺盛,继之地下部主根长粗。荫蔽地方生长的白芷植株较矮,叶面系数小,主根长不粗。

三、栽培技术

1. 选地整地

白芷对前作要求不严,甚至前作白芷生长好的连作地也可选用,最好选择地面平坦、阳光充足、耕作层深厚、疏松肥沃、排水良好的沙质壤土。

前茬作物收获后,每亩施腐熟堆肥或厩肥2 500~5 000公斤、饼肥 100 公斤和磷肥 50 公斤作基肥,肥沃地也可少施。施完后进行翻耕,深度达20~25 厘米,翻后晒土使之充分风化,晒后再翻耕 1 次。因白芷根部生长较深,整地时,要深耕细耙,并使上下土层肥力均匀,防止因表土过肥而须根多,影响产量和质量。整平耙细后作畦,畦高15~20 厘米,畦宽 1~2 米,畦面要平坦,以利于灌水排水,表土要整细以利幼苗出土。

2. 播种期

生产上对播种期要求严格,适时播种是获得高产的重要环节之一。过早播种,冬前幼苗生长过旺,第2年部分植株会提前抽薹开花,根部木质化或腐烂,不能作药用,从而影响产量。过迟则气温下降,影响发芽出苗,幼苗易受冻害,幼苗生长差,产量低。由于隔年种子发芽率低,新鲜种子发芽率高,所以生产上须选用当年收获的新鲜种子播种,一般以秋播为主,春播产量低,质量差。适宜的播种期因气候和土壤肥力而异。气温高迟播,反之则早播;土壤肥沃可适当迟播,相反则宜稍早。

秋播适宜播种期各地亦有差异,按各地的习惯,河南秋播在白露前后,河北于处暑至白露之间,四川于白露至秋分之间,浙江于寒露前10天进行,气温较高地区以秋分至寒露为宜。春播于3～4月间进行。

3. 播种方法

白芷播种一般用穴播、条播。

(1)穴播法 四川多用。按行距25～30厘米,株距15～20厘米,穴深6～10厘米开穴。穴要大,底要平。每亩用草木灰或火烧土200～250公斤,人粪尿30～40公斤与白芷种子0.4～0.5公斤拌和均匀后播种,每穴一小撮,有种子10～20粒。

(2)条播法 在浙江、河南、河北多采用。行距25～30厘米,播种沟深6～10厘米,沟底平整,然后把拌了灰肥的种子均匀撒播于沟内,一般每亩用种量0.6～0.8公斤。

如播种季节将过,播种前可用45℃温水浸种1夜或用湿沙与种子混匀催芽1～2天后再行播种,可提前2～3天发芽。

白芷与杭白芷的种子相差不大,均为双悬果椭圆形片状,长7～8毫米,宽4～6毫米,黄白色至浅黄棕色。分果具5果棱,侧棱延成翅状;每棱槽中有油管1个,合生面有2个油管,千粒重

50

约3.18克。白芷果实有时略带紫色,杭白芷果实疏生短毛。

4. 间作

为充分利用田地,增加经济效益,栽培白芷的地里可以选择低矮、立春前后收获的蔬菜,如萝卜、菠菜、莴苣、蒜苗等套种。一般间种在白芷行间,以不遮蔽、影响白芷生长和管理为准。

5. 田间管理

(1)间苗定苗　白芷幼苗生长缓慢,播种当年一般不疏苗。第2年早春返青后,苗高4~6厘米时进行第1次间苗,间去过密的瘦弱苗子。穴播每穴留5~8株;条播每隔5~6厘米留1株。第2次在苗高8~10厘米时进行,穴播每穴留3~5株;条播每隔7~10厘米留1株。清明前后苗高约15厘米时定苗,穴播的留定苗3株;条播的每隔13~15厘米留定苗1株。留苗呈三角形错开,以利通风透光。定苗时应将生长过旺、叶柄呈青白色的大苗拔除,以防止提早抽薹开花。

(2)中耕除草　应结合间苗和定苗同时进行。定苗前除草可用手拔或用浅锄,定苗时可边除草,边松土,边定苗,以后逐渐加深,次数依土壤干湿程度和杂草生长情况而定,松土时一定注意勿伤主根,否则容易感病。当叶片逐渐长大,畦面上封垄荫闭以后,就不必再除草了。

(3)追肥　白芷耐肥,但一般春前少施或不施,以防苗期长势过旺,提前抽薹开花。春后营养生长开始旺盛,可追肥3~4次。第1、2次均在间苗、中耕后进行,第3、4次在定苗后和封垄前进行。施肥宜选择晴天进行,见雨初晴或中耕除草后当天不宜施肥。肥料种类可选用人粪尿、腐熟饼肥、圈肥、尿素等。第1次施肥,肥料宜薄宜少,如每亩施用稀人畜粪水1 500~2 000公斤,以后可逐渐加浓加多,如2 000~3 000公斤。封垄前的1次可配施磷、钾肥,如过磷酸钙20~25公斤,促使根部粗壮。追肥次数和每次的施肥量也可依据植株的长势而定,如快要封垄时植株的叶片颜色浅绿不太旺盛,可再追肥1次,若此时叶色浓绿,生长旺盛,可不再追肥了。

(4)灌溉排水 白芷喜水,但怕积水。播种后,如土壤干燥应立即浇水,以后如无雨天,每隔几天就应浇水1次,保持幼苗出土前畦面湿润,这样才利于出苗;苗期也应保持土壤湿润,以防出现黄叶,产生较多侧根;幼苗越冬前要浇透水1次。翌年春季以后可配合追肥适时浇灌,尤其是伏天更应保持水分充足。如遇雨季,田间积水,应及时开沟排水,以防积水烂根及病害发生。

四、病虫害防治

1. 病害

(1)斑枯病 又名白斑病,是白芷产区常年发生的一种病害。主要为害叶片,对产量影响较大。一般5月初开始发病,直至收获均可感染。叶片上病斑直径1~3毫米,初暗绿色,扩大后为灰白色,严重时,病斑汇合并受叶脉所限形成多角形大斑。病斑部硬脆,天气干燥时,常破碎或裂碎,但病斑不穿孔。后期病叶的病斑上密生小黑点,这就是病原菌的分生孢子器。叶片局部或全部枯死。

防治方法:①选择健壮、无病植株留种,并选择远离发病的白芷地块种植。②白芷收获后,清除病残组织。特别要将残留根挖掘干净,集中烧毁,减少越冬菌源,可收到较好的防病效果。③加强田间管理,适施氮肥,增强抗病力。④发病初期,摘除初期病叶,并喷1:1:100的波尔多液或50%退菌特800倍液,7~10天1次,连续2~3次,能有效地控制本病的发展;也可用65%代森锌可湿性粉400~500倍液,或代森锰锌800倍液,或多抗霉素100~200单位进行防治。

（2）黑斑病　常在生长后期发生,在叶片上出现黑色病斑,严重的可使植株停止发育而死亡。防治方法:摘除病叶烧毁或喷1:1:120倍的波尔多液1~2次。

（3）紫纹羽病　在病株主根上常见有紫红色菌丝束缠绕,引起根表皮腐烂。在排水不良或潮湿低洼地,发病严重。

防治方法:①作高畦以利排水。②用70%五氯硝基苯粉剂,每亩2公斤加草木灰20公斤拌匀撒施土中,并进行多次整地;亦可用70%敌克松可湿性粉剂每亩2公斤,掺水2 000公斤泼浇畦面,待土干后再整地播种。

（4）立枯病　多发生于早春阴雨、土壤粘重、透气性较差的环境中。发病初期,染病幼苗基部出现黄褐色病斑,以后基部呈褐色环状并干缩凹陷,直至植株枯死。

防治方法:①选沙质壤土种植,并及时排除积水。②发病初期用5%石灰水灌注,每7天1次,连续3次或4次,或用1:25的五氯硝基苯细土,撒于病株周围。

（5）根结线虫病　整个生长期间均可能发生。白芷被线虫寄生后,根部产生许多根瘤,根成结节状,地上部生长不良。该病初侵染来源主要是土壤及带线虫种根。

防治方法:①与禾本科作物轮作。②种植前半月用滴滴混剂处理土壤,每亩用药40~60公斤,沟施,沟深20厘米,沟距30厘米左右,施药后立即覆土。③挑选无根瘤的种根移植留种。

2. 虫害

（1）黄凤蝶　具咀嚼式口器,以幼虫咬食叶片,咬成缺刻或仅留叶柄。成虫为大型蝶类,幼虫初孵时黑色,3龄后变绿色,1年产生2~3代,以蛹附在枝条上越冬。来年4月上中旬羽化,成虫白天活动,产卵在叶上。幼虫孵化后,白天潜伏在叶下,夜间咬食叶片,10月以后幼虫化蛹越冬。

防治方法:①因幼虫行动缓慢,体态明显,在幼虫发生初期可进行人工捕杀。②发生数量较多时也可用90%敌百虫1 000倍液喷雾,每隔5~7天喷1次,连续喷3次。③幼虫3龄以后,可用青虫菌(每克菌粉含孢子100亿)300~500倍液喷雾进行生物防治。

(2)蚜虫　常密集于植株新梢和嫩叶的叶背吸取汁液,使心叶、嫩叶变厚呈拳状卷缩,植株矮化。蚜虫以卵过冬。

防治方法:①清洁田园,铲除周围杂草,减少蚜虫迁入机会和越冬虫源。②蚜虫发生期可选用40%乐果1 500~2 000倍液或50%杀虫螟松1 000倍液喷洒,每5~7天1次,连续2~3次。

此外,还有黑咀虫:常为害根部,用25%亚铵硫磷乳油1 000倍液浇灌病株根部周围土壤;食心虫:常咬食种子,使种子颗粒无收,可用90%晶体敌百虫1 000倍液喷杀;地老虎:为害植株幼茎,可用人工捕杀或毒饵诱杀。

五、收获加工

1. 留种采种

在第2年挖收白芷的同时,注意选择主根直、无分叉、粗细中等、无病虫害的根,留作培育种子的种根。

选择土层深厚、疏松肥沃的土壤,施足基肥,深翻整地,不必作畦,直接将选好的种根按行株距60厘米×60厘米挖穴,深60厘米,每穴栽1根,使主根伸展不弯曲,根头在地面下5厘米左右为宜,然后覆土,并施入少量淡人畜粪水。加强田间管理,注意增施磷、钾肥料,待下1年5月抽薹后培土防倒伏,6月上旬注意合理修剪花枝,7月种子陆续成熟。

采种应在种皮呈黄绿色时进行,此时种子的成熟度较好,不老也不嫩。采种时注意选取一级侧枝上结的种子,依成熟度分批剪下种穗,扎成小捆,挂于阴凉通风处(种子怕雨淋、日晒、烟熏),以促进后熟和干燥,在播种之前再从小穗上把种子抖落。也有的阴干后即搓下种子,贮于布袋中,放通风干燥处保存。白芷种子不宜久藏,隔年陈种易丧失发芽力。

2. 根的采收

(1)采收时期 白芷因产地和播种时间不同,收获期各异。春播白芷当年采收,秋播白芷第2年采收,一般以地上部茎叶变黄枯萎为标志。采收过早,植株尚在生长,地上部营养仍在不断向地下根部蓄积,糖分也在不断转化为淀粉,所以会使根条粉质不足,同时影响产量和质量;采收过迟,如果气候适宜,又会萌发新芽,消耗根部营养,同时淀粉也会向糖分转化,使根部粉性变差,影响到产量和质量,所以适时采收很重要。一般按各地的习惯,春播的,如河北在当年白露后,河南在霜降前后收获;秋播的,一般在次年的7~9月收获,如四川在次年的小暑至大暑之间,浙江在大暑至立秋,河南在大暑至白露,河北在处暑前后收获。

(2)采收方法 宜选择晴天进行,一般割去地上茎叶,然后将根刨出,抖落泥土,或在畦旁挖沟约1尺深,由侧面取根,则不致损伤根部。去除多数须根和根头残留的茎叶,运回加工。茎叶可作饲料。

3. 加工

新采收的白芷可平辅于席上置阳光下曝晒1~2天(也可选泥土地,但不宜在水泥地上晒),再按大、中、小分级晾晒,晒时要勤翻,切忌雨淋,遭雨则易霉烂或黑心,降低产量。每晚要收回摊放,以防露水打湿。白芷含淀粉多,不易干燥,如遇连续阴雨,不能及时干燥,会引起腐烂。四川南川药物种植研究所为防止白芷腐烂,采用熏硫方法:①收后遇阴雨,去泥即熏;②晒软后遇阴雨或被雨淋湿,应立即熏;③大白芷应熏透后再晒。通常用烘炕熏,入熏室时,大根装中间,中根置周围,鲜根放底层,已晒软的放上层,并用草席或麻袋盖严。每1 000公斤鲜白芷,用硫黄10公斤左右。熏时,要不断加入硫黄,不能熄火断烟,并要少跑烟,熏透为止。一般小根熏1昼夜,大根3天即可熏透。通常取样检查,可用小刀顺切成两块,并在切口断面涂碘酒,凡呈蓝色而很快消失的,表示硫已熏透,可熄火停熏。然后,立即曝晒至干。如遇雨天,可摊于通风干燥处,待晴天晒干或用无烟煤炕干。小量烘炕时,大根放中央,小根放四周,头部向下,尾部向上(不能横放),火力适中,半干时翻动1次,将较湿的放中央,较干的放周围,炕干为止。大量烘炕可用炕房,大根放下层,中根放中层,小根放上层,支根放顶层,每层厚5~6厘米。烘烤温度控制在60℃左右;要防止炕焦、炕枯。每天翻动1次,6~7天全干。

浙江产区起收后,将白芷置于有水的缸内,洗去泥土及须根,捞出用清水冲洗干净,然后放在木板或光滑水泥地面上,按鲜重加入5%左右的石灰,用铁耙推擦、搅拌,以石灰均匀粘附于白芷表面为度,再分大小置竹匾或芦席上曝晒。一般小者8~9天,大者约20天左右可晒至全干。也可以将挖出的根放在缸内加石灰搅匀,放置1周后以针刺而不入为度,再取出晒干。

一般每亩地可收干货250~350公斤,高产的可达500公斤左右。

六、综合利用

白芷是常用中药,除供中药处方调配外,还是许多中成药的主要原料。白芷香气浓郁,很早就作为轻工业原料和食用调料,此外,植株还可以用于提取芳香油,是日用化工产品的原料。在中药的对外贸易中白芷远销日本、东南亚等地。

白芷适应性强、生长期短、繁殖快,因此,生产时应加强市场预测,避免出现盲目性,防止造成产销失调。

姜　黄

姜黄为姜科植物姜黄的干燥根茎。姜黄具有近似甜橙与姜、高良姜的混合香气,回味微辣、苦,入菜肴调味,既可增香添味,又是良好的食品赋色物。其主要呈味成分为姜黄酮、芳姜黄酮、姜烯、姜黄素等。姜黄入药,性温味辛、苦。归脾、肝经。有破血行气,通经止痛的功效。用于胸胁刺痛,闭经,风湿肩臂疼痛,跌扑肿痛等。姜黄主产于四川、福建、江西等地,广东、广西、湖北、陕西、台湾、云南等地也有栽培。

图1-7　姜黄

一、植物形态

多年生草本,高 1~1.5 米。根茎发达,成丛,分枝呈椭圆形或圆柱状,橙黄色;根粗壮,末端膨大成块根。叶基生,5~7 片,2 列,叶柄长

20～45厘米,叶片长圆形或窄椭圆形,长20～45厘米,宽5～15厘米,先端渐尖,基部楔形,下延成长柄,表面黄绿色,背面浅绿色,光滑无毛。圆柱形穗状花序,长13～19厘米,自叶鞘内抽出,总花梗长12～20厘米,上部无花的苞片粉红色或淡红紫色,长椭圆形,长4～6厘米,宽1～1.5厘米,中下部有花的苞片嫩绿色或绿白色,卵形至近圆形,长3～4厘米;花萼筒状绿白色,具3齿;花冠管漏斗形,长约1.5厘米,淡黄色,喉部密生柔毛,裂片3;能育雄蕊1枚,花丝短而扁平,花药长圆形;子房下位,外被柔毛,花柱细长,基部有2个棒状腺体,柱头稍膨大,略呈唇形。花期8～11月(图1-7)。

二、生物学特性

1. 生长发育习性

姜黄开花很少,种子多不充实,栽培上用根茎繁殖。姜黄根茎分为几种,栽下作种用的根茎称为"老母姜",由老母姜侧生出的根茎叫"二母姜",由二母姜上长出的小根茎叫"芽姜"。二母姜繁殖力强,植株生长健壮,萌芽早,故一般作种茎繁殖用的以二母姜为主,健壮的芽姜也可以用,但老母姜的生长势差,不能作种用。姜黄在4月中下旬就会出苗,但是块根到8～9月才会大量形成,10月后是块根充实肥大阶段。栽种早,萌芽出苗早,生长期长,植株发育旺,但须根长,致使块根入土很深,难采挖。栽种期迟者,生长期短,株矮,块根入土短,易采挖。姜黄的生长期为220～240天,出苗期4月中、下旬,花期8～11月,枯苗期11月下旬至12月中、下旬。

2. 对环境的要求

(1)海拔　姜黄为亚热带植物,原产于亚洲南部热带和亚热带地区。在海拔800米以下的低山、丘陵、平坝,只要全年无

58

霜期在 300 天左右便可栽植。

（2）土壤　对土壤要求不严,但以肥沃,含腐殖质多,排水良好的土壤为佳。

（3）温度　喜温暖的气候,怕严寒霜冻。气温 -3℃ 以下,姜黄根就易冻死,地上部分耐寒能力更差。姜黄主产区年均气温 17.9℃,无霜期 341 天。

（4）湿度　喜湿润的气候。应选择雨量充沛而且分布较均匀的地区栽培,如四川主产区年降雨量均在 1 000 毫米以上。干旱对植株及块根的生长不利,特别是苗期应使土壤保持一定湿度,否则易造成缺株。

（5）光照　不适应强光照射,喜稍荫蔽的环境。栽培多与高秆作物套种,或选稍阴的环境栽培。

三、栽培技术

1. 选地整地

姜黄多与玉米间作或者同小麦套种,只有土地较贫瘠的才实行单栽。先于冬季深翻土地 25 厘米深,熟化土壤。春季栽种前再行翻犁耙细整平,一般不作畦。如在小麦行间套种,只需直接挖穴栽种,无需翻耙。

2. 栽种时间

姜黄栽种一般在清明前后,其中芽姜应比二母姜早栽 10 天左右,因芽姜发芽慢,二母姜发芽早。混栽则生长不整齐,不利于植株发育和管理,须分期分别栽种。

3. 栽种方法

以根茎繁殖。收获时,选择根茎肥大、体实无病虫害的作种,堆贮于室内干燥通风处,厚30～40 厘米,防日光照射,并翻动1～2 次,避免发芽,或抖去附土稍晾后立即下窖,或用沙藏于室内,姜黄不能用老母姜作种。春季栽种前取出,除去须根,把二母姜与姜芽分开,便于先后栽种。如芽姜过小就不分开,因为种姜过小,植株生长不良,产量低。

按株行距30厘米×30厘米或30厘米×40厘米规格挖穴,穴深15厘米,口大底平,穴内土块要细,每穴栽已萌芽的种姜1个,芽朝上,将种姜按一下,使其与土壤密接,覆盖细土厚3~4厘米。每亩施1 000~1 500公斤稀人畜粪水,用种量一般每亩为200~300公斤。

4. 间作套种

姜黄与玉米间作,在姜黄栽后就播种玉米或两种作物同时播种,玉米行株距1米×1米,纵横每隔3穴姜黄,就在行间播1穴玉米。与小麦套作,小麦行距为33厘米,条播小麦行距为36~40厘米,姜黄穴距为33厘米。广州是与早稻逐年轮作。此外,姜黄还可与豆、芋、蔬菜混种。

5. 田间管理

(1) 中耕除草 姜黄一般进行3次中耕除草,间作与单作的,第1次在5月初苗高10厘米左右,间作也可与玉米中耕除草同时进行,第2次在6月底7月初,第3次在8月初左右,此时间作的玉米已经收获,应注意除净杂草。如套种,第1次中耕除草多在小麦收获后进行,第2、3次的时间与间作的相同。中耕宜浅,因姜黄的根横向生长入土不深,中耕过深,易伤根系。

(2) 追肥 姜黄结合每次中耕进行追肥,肥料以人畜粪水为主,也可施堆肥、饼肥等。第1次每亩追1 000~1 500公斤人畜粪水,以促进植株长根长叶。第2、3次每亩追施人畜粪水1 500~2 000公斤,最末1次宜在处暑前施下,过迟,植株近枯苗,肥效不能充分发挥。土壤肥沃也可酌情减少施肥量。

(3) 灌溉排水 7~8月气温很高,如久旱无雨,应在早上或傍晚用水浇淋(水内掺少量的人粪尿更好),使土壤保持湿润。如遇雨季,田间积水,应及时开沟排水,以防积水烂根。

四、病虫害防治

1. 病害

(1)线虫病　由线虫引起的根部病。发生于7~11月,发病植株生长发育不良,叶色褪绿变白,根上形成瘤状结节。

防治方法:①选用抗病品种,实行水旱轮作进行防治。②种植前10~15天,开深17~23厘米的沟,每亩施80%二溴氯丙烷乳油2~3公斤,加水100~150倍浇灌后,立即盖土。

(2)黑斑病　被害叶片上产生椭圆形、中间灰褐色的病斑,叶背凹陷,形成界限明显的病斑,具同心轮纹,病斑两面产生黑色霉点。

防治方法:①清除病叶烧毁。②用1:1:100倍的波尔多液或65%代森锌水剂400~500倍液喷洒。

2. 虫害

(1)二化螟　钻入株心为害。

防治方法:用90%敌百虫500倍液灌心。

(2)台湾大蓑蛾　于9~10月咬食叶片。

防治方法:人工捕杀,或用90%敌百虫800~1 000倍液喷雾防治。

(3)地老虎　成虫白天躲在阴暗的地方,晚上出来活动,卵期7~13天,1年中常发生数代,4龄以后的地老虎食量很大,咬断嫩茎,造成倒伏。

防治方法:①人工捕杀,经常检查发现倒伏苗,扒土捕杀幼虫。②加强管理,发现植株被害,可在周围3~5厘米撒入毒饵诱杀。毒饵的配制方法如下:麦麸炒香,用90%晶体敌百虫30

倍液,将饵拌湿,或将50公斤鲜草切成3~4厘米长,直接用50%辛硫磷乳油0.5公斤拌湿,傍晚置于周围诱杀。

(4)蛴螬　又名白地蚕,是金龟子的幼虫,在4月中旬为害根状茎,夏季最盛,被害的根状茎成星点状或凹凸不平的空洞状,成虫在5月中旬出现,傍晚活动,卵产于较湿润的土中,喜在未腐熟的厩肥上产卵。

防治方法:①冬季清除杂草,深翻土地,消灭越冬成虫。②施用腐熟的厩肥、堆肥,并覆盖肥料,减少成虫产卵。③点灯诱杀成虫。④用米或麦麸炒后制成毒饵,于傍晚时撒在畦面上诱杀。⑤下种前半月,每亩施50~60公斤石灰,撒于土面后翻入,以杀死幼虫。⑥严重发生时,用90%晶体敌百虫1 000~1 500倍液浇注根部周围土壤。

(5)姜弄蝶　又名苞叶虫。以幼虫为害叶片。

(6)玉米螟　第3、4代为害姜苗,7月下旬到8月上旬产卵于姜叶上,初孵幼虫从茎的基部钻孔蛀入,蛀食为害茎,造成顶端姜蔫干枯。

五、采收加工

1. 采收

姜黄在冬至前后,地上茎叶逐渐枯萎,根茎已膨大充实,即可收获。选择晴天干燥时,将地上叶苗割去,用长锄等工具深挖45~65厘米,一行一行地挖出地下部分,去掉泥土和茎秆,运回加工。采收时应注意捡拾须根末端膨大的块根一并运回加工成郁金出售。

2. 加工

选出种姜后,将根茎水洗干净,放入锅内煮或蒸至透心,取出略晾干水分,上炕烘干。烘干后在撞笼中撞去粗皮,即得外表深黄色的干姜黄。若摇撞时喷些清水,同时撒些姜黄细末,再摇撞,可使姜黄变为金黄色,色泽更鲜艳。也可将根茎切成0.7厘米厚的薄片,晒干。

六、综合利用

姜黄是常用中药,除供中药处方调配外,还是许多中成药的主要原料。姜黄素是自姜黄中提取的黄色素,已被广泛用作食品添加剂和染料添加剂。现代研究证明,姜黄素能显著对抗NIH小鼠脑、心、肝、肾、脾匀浆的过氧化作用,在一定的剂量范围内,其作用强度具剂量依赖性关系。姜黄素可以作为抗氧化剂而阻止脂质过氧化,起到保护机体组织、延缓器官衰老的作用,因此,可用于抗衰老保健食品中。

姜黄提取的黄色素,还可用作化妆品的天然色素。由于姜黄有抗菌作用和对多种皮肤真菌有不同程度的抑制作用,因此,用姜黄制成的化妆品,如沐浴液可以防治多种皮肤病;制成的粉刺露或粉刺霜有很好的治疗粉刺作用,尤其是对有感染的粉刺效果更好,并有驱除黑头粉刺作用。用姜黄制成的脚气露、祛疹霜、祛痱露等,有治疗脚气、湿疹和痱子的功能。

姜黄作为药物、食用调味剂、防腐剂、着色剂(为咖喱粉的主要色素)、美容保健品等,已经大量出口到东南亚和欧美等国家,具有良好市场需求。

高 良 姜

高良姜为姜科植物高良姜的根茎。高良姜具有特殊芳香气,且稍有辛辣感,入菜肴调味,能去膻解异,增香赋辛。其主要呈味成分为蒎烯、桉油精、桂皮酸甲酯、高良姜酚、高良姜素等。

高良姜入药,性微温味辛。归脾、胃经。有祛风散寒,行气止痛,温胃消食的功效。用于脾胃中寒,脘腹冷痛,食滞,呕吐泄泻,嗳气吞酸等。主产于广东、广西、海南、云南等省区,福建、江西、台湾亦有分布。人工栽培或野生。

一、植物形态

植株高 40～100 厘米,丛生、直立。根茎横走,圆柱形,棕红色或紫红色,根生节上,节处具环形膜质鳞片和茎芽。叶互生,二列,无柄,叶片为狭线状披针形,先端渐尖,基部渐狭,全缘或具不明显的疏钝齿,叶两面光滑,叶鞘开放抱茎,叶舌长达 3 厘米,膜质,棕色。总状花序顶生,圆锥形,长 5～15 厘米,花稠密,花萼筒状,棕色,花序轴红棕色,被短毛;花冠管呈漏斗状,长约 1 厘米,裂片 3 枚,长约 1.7 厘米,唇瓣卵形,白色而有红色条纹,外被疏短柔毛;子房下位,被短

图 1-8　高良姜

毛,3 室。蒴果球形,肉质,不开裂,被绒毛,成熟时橘红色,内有多数具假种皮与钝棱角的棕色种子。高良姜植株丛生,根茎分蘖能力强。花期4～10 月,果熟期7～10 月(图1-8)。

二、生长发育环境条件

1. 海拔

高良姜生于热带、亚热带地区,常分布于海拔700米以下的丘陵地带,但以100米以下的地区最多。

2. 土壤

对土壤要求不严,但以土层深厚、疏松肥沃富含腐殖质的酸性或微酸性红壤、沙质壤土或粘壤土为佳。

3. 温湿度

喜温暖湿润的气候环境,极耐干旱,不耐寒,分布的地区年平均气温21.0℃~22.4℃,7月平均气温28.0℃~29.0℃,1月平均气温13.5℃~14.4℃,年降雨量1 400~2 100毫米。在主产区广东省徐闻县,年平均气温23.3℃,极端最高气温38.8℃,极端最低气温2.2℃,年降雨量为1 100~1 803毫米,生长良好。

4. 光照

不适应强光照射,要求一定的荫蔽条件。

三、栽培技术

1. 选地整地

(1)育苗地　宜选择具有一定荫蔽条件的山坡、溪边或灌木丛中,要求灌溉排水方便、土壤肥沃的缓坡地段,砍除杂木杂草并就地烧成灰作基肥,深翻40~45厘米,再经两犁两耙将泥土充分细碎,每亩施入2 500~3 000公斤经腐熟的农家肥,与表土混匀整平,作高15厘米、宽120~150厘米的畦。

(2)定植地　宜选灌溉排水方便、土层深厚、肥沃、疏松的坡地或缓坡地进行种植,也可在防护林下,或果木林下种植。隔年冬季清除杂物,深翻风化,翌年种植前再碎土整平。可与菠萝、剑麻、木薯、香茅等热带、亚热带经济作物套种。

2. 繁殖方法

高良姜通常采用种子育苗进行有性繁殖和用根茎进行无性繁殖。

（1）种子繁殖　高良姜种子在7～10月间陆续成熟,当果皮由绿变为黄绿色时,选粒大、饱满、呈红棕色而无病虫害的鲜果,分期分批采收。将采回的鲜果剥开果壳,拌入等细河沙揉搓至种子和果瓤分开,种皮呈灰白色,有轻微伤,用清水冲洗,取出种子,晾干备用。高良姜种子不宜久贮,宜随采随处理随播种,如果未能及时播种,宜将种子与湿河沙混合后,放入室内贮藏。

播种期一般在秋季,以7～9月上旬为好。在整好的苗床上,以10厘米的行距开浅沟条播,将处理好的种子均匀撒在沟内,覆土后盖草,浇水保湿。约20天后种子发芽。一般育苗需半年后,才可定植。

（2）根茎繁殖　高良姜有两个栽培种,即牛姜和鸡姜,两者的形态特征并无多大差异,唯牛姜较鸡姜体型大而产量高,故产区多用牛姜作种。在采收时,选1～2年生粗壮、带5～6个芽、无病虫害、较肥硕的嫩根状茎,切成长约15厘米的小段,每段2～3节。在整好的土地上,按株行距30厘米×25厘米开穴种植,每穴种1～2段,覆土后稍压实,浇定根水。每亩用根茎约80公斤。在生产上通常不用此法,因其产量不高,只有在种子不足,为了扩大生产面积时才用。

3. 定植

宜在4～5月的晴天早晨或阴雨天进行。先进行整地,把杂草灌木除净,深翻30厘米以上,拾净石块、树根、草根,让土壤熟化,并下足基肥,每亩施入2 000～2 500公斤腐熟的农家肥作基肥,不需作畦。后按株行距45厘米×75厘米开穴,穴的规格为

40 厘米×40 厘米×30 厘米。当种子苗高 10 厘米以上时出圃定植,每穴种 2 株幼苗,或每穴种 1 个根状茎,芽头向上,边放边填土,种后覆土压实,然后再覆细土 5~6 厘米厚。

4. 间作

为了提高土地利用率,增加收益,通常在幼龄期间种一些生长期短的经济作物,如菠萝、木薯、红薯、剑麻等。

5. 田间管理

(1)苗期管理 播种后应保持畦面经常湿润。在日均气温 20℃以上时,一般 15~20 天出齐苗,揭去盖草或地膜,并适当搭设荫棚遮荫。幼苗出土后,施稀人粪尿水,或以 0.5 公斤尿素加水 100 公斤混合施入,追施草木灰,入冬前则可施腐熟的猪牛粪以提高幼苗的耐寒能力。当苗长出 3~6 厘米时,去弱留强,使株间距为 4 厘米。并及时拔除杂草。

(2)大田管理

①中耕除草。定植后的 2 个月,在 5~6 月间可进行第 1 次中耕除草松土,到 9~10 月再进行 1 次。封行后不再进行,如有杂草生长可用手拔除。以后每年可结合追肥培土,以利根茎生长。

②灌溉排水。干旱时浇水或灌溉,以保持土壤湿润,促进植株分蘖和根茎生长。如遇雨季,田间积水,应及时开沟排水,以防积水烂根。

③追肥培土。定植后约 50 天施稀薄人畜粪水肥。植株封行后追施 1 次复合肥,每亩 20~25 公斤。第 2 年在植株周围用犁或锄开沟松土,并进行培土,或在秋末冬初结合清园用土杂肥和表土培壅在植株基部,对促进生长,加速萌发有利。同时,每亩施 3 000 公斤的农家肥。实践经验表明,适当的追肥有利于提高高良姜的产量和质量。

四、病虫害防治

1. 病害

高良姜生长过程中的病害主要是根腐病,通常在多雨季节或地内积水时发生。发病时植株须根呈黑色,以后蔓延到根茎呈水渍状。最后根部腐烂,植株死亡。

防治方法:①发病初期,拔除病株,并用石灰粉消毒,尽量避免病菌传播。②用0.3～0.6波美度的石硫合剂淋根防治。③加强田间管理,改善周围环境,做好通风、透光、排水等工作,提高植株自身的抗病能力。

2. 虫害

高良姜的虫害多为钻心虫和卷叶虫,一般春末秋初这段时间为害。钻心虫通常以幼虫蛀入茎内为害,使植株心叶枯死。卷叶虫常把叶卷起,在卷筒内为害。

防治方法:①在发现姜叶卷起时用人工捕杀卷叶虫,也可养育食虫鸟等虫害天敌进行防治。②用40%的乐果乳油1 000倍液,或90%的敌百虫800倍液喷杀。

五、采收与加工

1. 采收

高良姜野生品种全年均可采收,栽培品种植4年后可收获,但5～6年时产量更高,质量更好,此时根茎中所含粉质多,气味浓。通常在4～6月或10～12月采挖根茎,选择晴天,先割除地上部分茎、叶,然后用犁深翻,把根状茎逐一挖起进行收集。通常每亩可产鲜品2 000～3 000公斤。

2. 加工

把收获的根茎,除去地上部分、泥土、须根及鳞片,用水洗净,截成5~7厘米的小段,摊放在晒场曝晒。在晒至六七成干时,堆在一起闷放2~3天,再晒至全干,使其皮皱肉凸,表皮红棕色,质量最佳。

六、综合利用

高良姜既是一种温里良药,又是日常生活中较好的副食调味佳品和工业原料。除畅销国内市场外,还出口东南亚等国,既有原药材出口,又有粗加工成粉、片、油、浓缩浸提液等初级产品出口。随着中药现代化、国际化的深入,开发利用高良姜的范围将进一步扩大,其市场需求也会随之上升,在一定需求范围内,种植高良姜仍有较为广阔的前景。

第二章 全草类药材

芫荽

芫荽为伞形科植物,又名香菜、胡荽。烹调中取其茎叶和果实做调味品。芫荽茎叶入肴调味,在我国使用广泛,尤其是汤类菜肴。另外,还可用来拌制凉菜及佐餐味碟。芫荽果实(芫荽子)入肴调味,我国使用较少,而国外却常用于糖果、肉类、焙烤食品、汤类之中,印度用于调配咖喱粉。芫荽具有鼠尾草和柠檬混合气味,芳香温和,深受人们欢迎。其主要呈味成分为芫荽油、葵醛等。芫荽入药,性温味辛。归肺、胃经。有发汗透疹,消食下气的功效。用于麻疹透发不畅,食物积滞等。原产意大利,我国自古栽培,现在各地栽培颇为广泛。

一、植物形态

茎直立。基生叶1~2回羽状全裂,裂片宽卵形或楔形,长1~2厘米,边缘深裂或具缺刻,叶柄长3~15厘米;茎生叶2~3回羽状深裂,最终裂片狭条形,全缘。伞形花序顶生或与叶对生,总梗长2~8厘米,无总苞;伞幅2~8厘米,长1~2.5厘米。花小,白色或浅紫色,

图 2-1 芫荽

花瓣5枚,倒卵形,先端有缺刻;雄蕊5枚,生于花盘的周围;子

70

房下位2室。果近球形,直径1.5毫米,光滑有棱,成熟时不易分开,有香气。花期4~5月,果期6~7月(图2-1)。

二、生物学特性

芫荽具耐寒性强、生长期短、栽培容易等特性。在我国各地不同的自然条件下均可栽培。一般要求阳光充足,雨水充沛,土壤肥沃疏松。在石灰性沙质壤土和潮湿的土壤上栽培。对磷肥的反应最为敏感,磷肥可以提高种子精油的含量。在结实期间忌天气干旱,要求土壤湿润,方能使种子饱满。从播种到收获,生育期60~90天。

三、栽培技术

1. 选地整地

播种前先翻地,整地作畦,畦宽1~1.5米,施入有机肥料,耙平整细。

2. 繁殖方法

用种子繁殖。

(1)播种时间　芫荽4~11月均可进行播种,但以春、秋两季为主。大面积栽培的播种期以秋季为宜。春季播种的苗,因气温高易引起抽薹,影响种子产量。华北地区在7~8月播种,10月前后收获种子。南方温暖地区于10~11月播种,畦面稍加覆盖,翌年春季收获种子。

(2)播种方法　先将种子搓开,使果实内2粒种子分离。播种有撒播、条播两种方法。每亩播种量1.5~1.8公斤。播种后当时不宜灌水,经4~5天后再灌水。5~9天即可发芽。

3. 田间管理

幼苗生长到5~8厘米高时,应进行间苗,株距宜10~15厘米,并追施肥料和灌水 1～3 次,促其生长,直至种子完全成熟。拟采种提油的植株宜在 9～10 月播种。黄河流域以北地区入冬前需在畦内对幼苗加盖细土,以保护植株根部,翌年植株返青后,进行施肥、灌溉等管理。植株生长迅速,一般在 5 月中旬开花,6 月中下旬种子成熟,每亩可收种子 100 公斤左右。

四、采收加工

由于芫荽种子的成熟期不同,精油的成分也有所差异。种子未成熟时主要含有癸醛,具臭味,到种子完全成熟时,癸醛转化为芳樟醇,臭味消失变为芳香气味。一般认为种子开始硬化时,即花序中部分种子呈褐色时,精油的含量最高,是最适宜的采收期。8～9 月果实成熟时采取果枝,晒干,打下果实,除净杂质,再晒至足干。

五、综合利用

芫荽茎叶一般作为调味芳香蔬菜,芫荽子药食兼用,提取的精油香气好,可用作香料和调味香料的原料。种子经提取精油后,仍可提取17%～21%脂肪油,用于制造油酸和肥皂。油粕蛋白质含量约占 7%,是良好的饲料。种植芫荽,可根据市场行情,确定销售嫩茎叶或果实,因而具有较好收益。

罗　　勒

罗勒为唇形科一年生草本植物罗勒的全草。别名香草、零陵香、香佩兰等。烹调中取其叶片及花作调香调味品,可赋香添味,增进食欲。国外多用于调味品、调味汁、醋、肉类罐头和焙烤食品中。罗勒芳香浓郁,气味类似茴香、醇香、辛香、草香、脂膏香及木香底韵,又有清甜及薄荷味。主要呈味成分为异茴香醚、沉香醇、桉叶油素、丁香酚等。罗勒入药,性温味辛。有发汗解表,祛风利湿,散瘀止痛的功能。用于风寒感冒,头痛,胃腹胀满,消化不良,胃痛,肠炎腹泻。分布于我国大部分地区,以河南、安徽、江苏等省人工栽培较多。

一、植物形态

直立草本,株高20~80厘米,有特殊香气。主根粗长,易发生侧根,根系分布较广。茎直立,四棱形,多分枝,密被柔毛。叶对生,有柄;叶片卵形或长卵形,长2~7厘米,宽1~4厘米,全缘或有疏锯齿,背面有腺点。轮伞花序簇集成间断的顶生总状花序。花萼筒状,长4毫米,具5齿,被柔毛;花冠唇形,白色或略带紫红色,长约9毫米,上唇4浅裂,裂片近相等,下唇1裂,裂片长圆形,雄蕊4。小坚果,椭圆形,褐色(图2-2)。

图2-2　罗勒

根据颜色可分为青茎青叶种、紫茎青叶种、紫茎紫叶种和毛罗勒4种。青茎青叶种,叶、茎均为绿色,叶长椭圆形,发生侧枝能力强,茎叶幼嫩,花为白色,茎叶香味较淡。菜用的大多为此类品种。其他品种主要做观赏或药用。

二、生物学特性

罗勒生于亚热带地区,为喜光性植物,喜温暖潮湿环境,不耐寒,也不耐旱。南方4月初出苗,北方5月初至5月中旬出苗。出苗时间长短同当时气温有关,如温度为14℃~17℃则播种后15天出苗,温度上升至21℃~35℃时则7~10天就能出苗。在北京地区5月上旬至6月中旬株高增长最快,叶片数也增长最多,此期伸长主要是由许多节间的迅速伸长而成,至6月中旬开花后叶片数不再增加,此期的伸长是由于上部几个节间的伸长而引起,故株高增长缓慢。7~8月种子成熟,9月下旬枝叶变黄,植株枯萎。

三、栽培技术

1. 选地整地

罗勒是一种深根植物,其根可入土0.5~1米,故宜选排水良好、肥沃疏松的沙质壤土栽培。栽前施足基肥,整平耙细,作130厘米左右宽的平畦或高畦。

2. 繁殖方法

(1)种子繁殖 罗勒种子发芽的温度范围为15℃~30℃,在最适温度25℃~30℃时,发芽率可达90%以上。南方3~4月,北方4月下旬至5月初播种。由于种子细小,价格昂贵,一般用育苗盘,以湿砻糠为基质。将湿砻糠拍平压实后,最上层撒薄薄一层培养土或砻糠灰,然后播种,再薄薄覆培养土盖没种子,盘上盖薄膜保温保湿,放于塑料中棚内催芽,上再覆小拱棚,使床温保持在25℃左右,以利发芽。一般7天左右即可以全苗。播后14~20天,便可分苗于中棚内的营养钵内或湿河泥块内,并覆以薄膜小拱棚,以保暖、遮阳。1个月后根据苗生长情况,定植于中棚内。初定植时仍需搭薄膜小拱棚,以利缓苗。

如不求早熟,也可露地条播或穴播。条播按行距35厘米左右开浅沟,穴播按穴距25厘米开浅穴,均匀撒入沟里或穴里,盖一层薄土,并保持土壤湿润,每亩用种子0.2~0.3公斤。

(2)扦插繁殖　25℃左右扦插最适于长根,剪取长6~7节的枝条,去除顶端幼嫩的部分,选用基部3~4节。扦插时2节插入土中,当发根并有4对叶片时即可移栽。

3. 定植

在整好的地块里,按株行距30厘米×33厘米定植,定植苗的标准是具有4对叶子。定植后浇1次水以利缓苗。一般罗勒均小面积栽培,应采取分批播种,分期定植,以确保分批均衡上市。亦可利用中棚内空闲地或边际隙地栽培,经济利用土地。

4. 田间管理

(1)间苗　在苗高6~10厘米时进行间苗,穴播每穴留苗2~3株,条播按10厘米左右留1株。

(2)中耕除草　一般中耕除草2次,第1次于出苗后10~20天,浅锄表土。第2次在5月上旬至6月上旬,苗封行前,每次中耕后都要施入人畜粪水。

(3)追肥　罗勒的长势旺,生长量大,除施足基肥外,应每隔20天左右追肥1次,并适当追施复合肥。生长中后期结合浇水追施尿素1~2次,亩施量10公斤。

(4)灌溉排水　幼苗期怕干旱,要注意及时浇水。生长期应保持土壤湿润,经常灌水,以保证产品品质。但罗勒不耐涝,在雨季要注意排水。

(5)摘蕾　罗勒在生长中后期,易开花结果,影响侧枝发生和茎叶生长,茎叶易老化。在栽培中应随时摘除花蕾,促发新枝。

四、病虫害防治

罗勒的病虫害较少,栽培中易发生的主要是白粉虱、蚜虫,应及时防治。

五、采收加工

(1)**食用罗勒** 当苗高 20 厘米左右时,先采收主茎顶端具有 4 对叶片的嫩茎叶,再采收侧枝上的嫩茎叶,约 5 天左右采摘 1 次。每次采收时,留基部 1~2 节,促使发生新芽,使植株分枝呈半圆球形。每株总上市量可达 250 克左右。

(2)**药用罗勒** 不能采收嫩茎叶,任其生长开花,在 7~8 月,割取全草,晒干即成。

(3)**种子采收** 在 8~9 月种子成熟时收割全草,后熟几天,打下种子簸净杂质即成。

六、综合利用

罗勒是药食兼用品,嫩茎叶可调配成凉拌菜,或煮面条、油炸、做馅、做汤及炒食,同时也是烹调精美菜肴时色香味独特的调味佳品;老茎叶供药用。因此,可根据当地需求适量种植。

香　茅

香茅为禾本科植物香茅的全草,又名柠檬茅、香巴茅、风茅。烹调中入肴调味,可增香添味,增进食欲。香茅气芳香,味甜、辛,主要呈味成分为香茅醛、香叶醇等。香茅入药,性温,味甘、辛。归肺、胃经。具有祛风去湿,散寒解表,通经络,消肿止痛,防虫咬的功效。用于风湿疼痛,感冒发热,头痛,胃痛,腹泻,跌打损伤,月经不调,产后水肿等。产于浙江、福建、台湾、广东、广西、云南及四川等地。

一、植物形态

多年生草本。株高 2 米,根系发达,茎秆粗壮,分蘖性强,丛生节常有蜡粉。叶片宽条形,抱茎而生,先端渐尖,边缘具有密而细的锯齿,叶脉平行,中脉明显,叶面粗糙,黄绿色;叶鞘光滑,叶舌厚,鳞片状。圆锥花序疏散,由多节而成对的总状花序组成,每对总状花序托呈舟形、鞘状的总苞;小穗成对,1 个有柄,雄性或中性呈铅紫色,1 个无柄,为两性花,国内栽培者少见抽穗(图 2-3)。

图 2-3　香茅

二、生物学特性

香茅原产东南亚热带地区,喜高温多雨的气候,在无霜或少霜的地区都生长良好。由于根系发达,能耐旱、耐瘠,生长比较粗放。温度是香茅在我国分布的限制因子,只要有轻霜,叶尖就开始发生冻害,气温下降至 - 1.8℃时叶片几乎全部受害。因此,冬季低温长,霜害严重的地方都难以越冬。

香茅一般种植 3 年必须更新 1 次。

三、栽培技术

1. 选地整地

香茅为喜光、浅根系作物,宜选择开阔向阳、土层厚、不积水的土壤种植。多数种于坡地,必须做好水土保持工作,防止土壤冲刷。香茅根系浅,要获得高产,必须精耕细作,耕地深度要求25厘米以上,耙地深度不少于15厘米,创造一个疏松肥沃、保水保肥的土壤环境,以提高定植成活率,使植株根群发达,香茅生长健壮。定植前,每亩施堆肥、土杂肥或牛栏厩肥1 000~1 500公斤,火烧土250公斤,磷肥10~25公斤。

2. 繁殖方法

用分蘖繁殖。选分蘖强、生长势好、无病虫的1~2年生植株作种苗。起苗以后把老根、老叶及过多的分蘖除去,将叶片自叶鞘以上部分剪去,然后进行假植催根。用生长调节剂如萘乙酸水溶液处理种苗,可使发根快而整齐。

3. 定植

定植移栽在气温低、阴雨天多的2~3月进行,不但能提高成活率,节省淋水工,而且能增加当年产量。定植时宜采用开深沟浅植的方式,并根据适当密植的原则,土壤肥沃的行株距为80~90厘米×70厘米,土壤肥力差的则为80厘米×60厘米。每穴种2~3株。以保全苗,增多分蘖,提高产量。

4. 田间管理

(1)中耕除草　一般当年生的香茅植后1个月除1次草,再隔1个月除第2次草。香茅封行以后,杂草不易生长,每采收1次就除草1次。

(2)追肥　香茅是需肥较多的作物。叶片收割得多,养料也就消耗得多,必须多施肥才能保证生长旺盛,延长生长年限和提高单位面积产量。香茅以施完全肥料较好,除施用基肥外,第1年每亩施硫酸铵7.5~10公斤,过磷酸钙20~25公斤,氯化钾15~20公斤,第2、3年为香茅生长最旺盛阶段,以每年每亩施硫酸铵20公斤效果显著。

5. 病虫害防治

（1）香茅枯叶病　栽培香茅的地方，都有此病发生。1 年中以高温多雨季节为害最严重。

防治方法：严格挑选种苗，假植前用1∶1∶100 波尔多液浸泡 5 分钟，能减轻定植初期病害的发生，发病季节每隔7～10 天喷 1 次1.5∶2∶100 波尔多液或 1% 的二硝散，连喷 3 次。

（2）大螟　幼龄幼虫常钻食心叶，引起枯心。

防治方法：及时铲除枯心分蘖并烧毁，种苗用 50% 杀螟丹可溶性粉剂1 000～1 500倍液处理。

五、采收加工

1. 采收

做中药配方用，全年可采。做蒸馏香茅油原料则应适时收割，一般的收割标准是每个分蘖具 5 片叶子，部分叶片尖端呈现枯黄，就应收割，过早过迟都不好。

2. 加工

全年采收的供中药配方用叶，洗净晒干或阴干即可。

作为蒸馏香茅油原料，地上部分收割后，洗净、切碎，用水蒸汽蒸馏法提取。

六、综合利用

香茅为小品种中药材，除供医疗用外，作为食用增香调味品近几年使用区域和用量均逐渐增长。在工业上香茅打粉可以加工成香茅烟、香茅茶叶、香茅酒，提取的挥发油可以作为香精的原料，还可开发生产系列饮料、可乐等，根据市场需求发展香茅种植大有前途。

香　薷

　　香薷为唇形科植物石香薷的地上部分,又名香草、香菜、紫花香菜。烹调中入肴调味,可增香添味,增进食欲,还可用于制作卤菜。香薷气芳香,味辛,主要呈味成分为香薷二醇、香荆芥酚、百里香酚等。香需入药,性微温,味辛。归肺、胃经。具有发散解表,和中利湿的功效。用于暑湿感冒,恶寒发热,头痛无汗,腹痛吐泻,小便不利等。主产江西、河北、河南等地,江苏、浙江、贵州、云南亦有野生。

图 2-4　石香薷

一、植物形态

　　多年生草本。株高55～65 厘米。茎四棱形,基部类圆形,中上部茎具细浅纵槽数条。叶对生,线状披针形,长1.8～2.6 厘米,宽0.3～0.4 厘米,边缘具疏锯齿3～4 个。总状花序密聚成穗状,顶生和腋生;苞片多为 5 条脉;花冠唇形,冠筒内基部具2～3 行乳突状或短棒状毛茸,退化雄蕊多不发育,2药室,1 大 1 小。小坚果具深穴状或针眼状雕纹,穴窝内具腺点(图 2-4)。

二、生物学特性

喜温暖湿润,阳光充足,雨量充沛的环境。种子发芽最适温度为18℃,生长期最适温度为25℃~28℃,7~8月是香薷生长的旺盛期,需水需肥较多。对土壤适应性较强,但以疏松肥沃、排水良好的沙质壤土为好。整个生长期都要求土壤湿润,但在植株封行后,则以稍干燥为好。土壤瘠薄、土质粘重、酸碱度过强、气候干燥、荫蔽过重、低洼积水的地方,均不宜栽种。

三、栽培技术

1. 选地整地

选择向阳、土层深厚、排水良好、有灌溉条件的肥沃土壤。每亩施碳酸氢铵20公斤,过磷酸钙40~50公斤,腐熟的圈肥或堆肥1 000~1 500公斤,撒匀,深翻20厘米,整细耙平。

2. 繁殖方法

用种子繁殖,分春播和夏播,每亩用种量2~2.5公斤。

(1)春播 4月下旬,在整好的地上,作1.2~1.5米宽的平畦,先浇透水,3~5天后浅锄1遍,用铁耙耙平,顺畦按行距20~25厘米划1~2厘米的浅沟,将种子均匀撒入浅沟内,覆土盖严种子,稍加镇压,使种子和土壤充分接触,再用铁耙耙平。

(2)夏播 一般在6月,小麦或早熟作物收获后,抓紧时机,施足底肥,翻入地内,耙平,按行距25~30厘米做成宽15~20厘米、深5~8厘米的沟,将种子均匀撒入沟内,用大锄连推两遍,埋严种子,然后顺沟浇水,隔3~5天用铁耙顺沟轻拉1遍。

在生产上,土壤水分适宜,平均气温15℃左右时,播种后15天出苗,平均气温18℃左右时,播种后10天就可出苗,幼苗生长比较缓慢,尤其是春播地温比较低的时候,从出苗长到株高

10 厘米就需 30 余天,夏播从出苗长到 10 厘米约需 20 余天。

3. 田间管理

（1）间苗定苗　当苗高 5 厘米开始间苗,10 厘米左右时即可定苗,间去过密苗,弱苗。

（2）中耕除草　整个生长期中耕除草 4~5 次,幼苗期结合间苗,拔去杂草。生长期除草松土结合进行,注意不要伤根。

（3）追肥　每次中耕除草后,均应追肥,以施有机肥为主,适当加用尿素、碳酸氢铵等速效肥料。有机肥如饼肥、厩肥可行沟施,也可根据土壤干湿度浇施;速效肥料可化水浇施、叶面喷施、撒施,也是根据土壤和气候的干湿程度而定。在7~8 月香薷生长旺盛期,肥水一定要跟上,而且不能偏施氮肥,磷肥、钾肥要适量配合使用。

（4）灌溉排水　幼苗出苗前土壤保持适当湿度,不太干旱不要浇水。出苗后,如遇干旱,幼苗可浇小水,避免冲刷或淤土太厚影响幼苗生长。随着植株的增高,适当增加浇水次数和浇水量,需水量较多的时候是开花前后。当种子有一半左右进入成熟期,停止浇水。雨季要清沟排水,以防积水烂根。

四、病虫害防治

1. 根腐病

在高温多雨季节,低洼积水处容易发生,根中下部出现黄褐色锈斑,逐渐致植株干枯死亡。

防治方法:①与禾本科作物轮作。②多雨季节,及时排水,发现病株及时拔除,以防蔓延。③用50% 的多菌灵1 000倍液浸种3~5 分钟,晾干后播种。④发病初期用50% 多菌灵1 000倍液或40% 克温散1 000倍液,每 15 天喷 1 次,连续3~4 次。

2. 蝼蛄

能咬断幼苗,伤害根部。苗期危害较重。

防治方法:①灯光诱捕成虫。②用75%辛硫磷按0.1%拌种。③发生期用90%敌百虫1 000倍液浇灌。

五、采收加工

1. 采收

春播的于8月下旬,夏播的在9月上旬,当香薷生长到半籽半花时收获。

2. 加工

割取地上部分,直接晒干或捆成小把放通风干燥处阴干。一般春播亩产300公斤,夏播亩产200公斤。

六、综合利用

香薷为常用草类药材,除供中医配方和生产中成药外,还属于卫生部确定的药食共用品之一,被人们用作增香调味品。香薷清香气浓,还可泡茶饮用,目前市场行情看好。

留 兰 香

留兰香为唇形科植物留兰香的地上部分,也称香花菜、绿薄荷、鱼香菜等。烹调中取其茎、叶及花序入肴调味,可赋香矫臭,增进食欲。多用于甜点、面点、汤类和饮料之中。留兰香具青草气而又有清甜、柔和、微凉及辛苦味。其风味独特,人们又称其为"留兰香型"味。主要呈味成分为藏茴香酮、柠檬烯、水芹烯等。留兰香入药,性微温味辛、甘。有疏风、理气、止痛的作用。用于感冒、咳嗽、头痛、脘腹胀痛、痛经等。河北、江苏、广东、新疆等地栽培或野生。

一、植物形态

图2-5　留兰香

多年生草本,高约1.3米,有分枝。茎方形,紫色或深绿色。叶对生,椭圆形或楔形,边缘有疏锯齿,两面均无毛,下面有腺点,长1～6厘米,宽0.3～1.7厘米,顶端渐尖或急尖,无叶柄。轮伞花序密集成顶生的穗状花序;苞片线形,有茸毛;花萼钟状,外面被短柔毛,具5齿,有缘毛;花冠紫色或白色,冠筒内面无环,有4裂片,上面的裂片大。小坚果卵形,黑色,有微毛。花期7～8月,果期8～9月(图2-5)。

二、生物学特性

留兰香对气候适应性很大,不怕严寒,不怕高温。对土地要求不严,除过酸、过碱、过干、过湿地外,只要肥料充足,不论沙质壤土、粘质壤土或腐殖土,均能正常生长。我国各地均可栽种,尤其在南方种植,可增加收割次数和每亩产量。

三、栽培技术

1. 选地整地

选择适宜种植地块。因留兰香根茎伸入土壤表层只有15厘米左右,而横展可达1米,故表土应整理得细碎疏松,以利留兰香根的舒展和养分吸收。整地前,如有堆肥、厩肥、河泥、草河泥等,应均匀撒于表面,深耕细耙。耕耙完毕,平土作畦,畦的宽窄高低,视田地高低干湿程度而异。地势高燥,畦宽3米,畦间沟宽25厘米,宜作平畦;地势低湿,畦宽2米,沟宽30厘米,宜略作平脊形畦;地形甚低,排水不易,畦幅更宜缩小,作高脊形。

2. 繁殖方法

留兰香繁殖方法有种子繁殖、地下茎繁殖、匍匐茎繁殖、地上茎扦插、分枝繁殖、地上茎基部种植等6种,可根据情况选用。

(1)种子繁殖 留兰香为虫媒花,易异花授粉,其杂交后代的变种甚多,因此需种子繁殖生产的,必须选择最佳而且能结籽的纯良品种。留种地附近,必须避免种植其他留兰香品种或薄荷。留兰香花序为轮伞花序或穗状花序,故下部种子先成熟。下部种子老熟时,用细布围于株下,侧摇之,种子即落于布上;或将老熟之果摘下,晒干后揉搓而得种子。第1次采收后,每隔5~6天须采收1次。所收种子,随收随晒干,除去杂物,干燥贮藏。

选阳光充足、避风地块,前1年冬,将地粗翻越冬,翌年立春前后,施细碎腐熟厩肥或堆肥,细翻1遍。至雨水前后,施大量草木灰与人粪尿,再将地细翻。惊蛰左右,作平畦,种子与细灰拌匀,均匀播下,再用细灰土盖于种子上,约2毫米厚,盖稻草或麦秆,约3~4周出苗揭去盖草,若地面干燥,用细喷水壶喷水,苗高5厘米以上时,定植于大田。

(2)地下茎繁殖 留兰香收割后,挖取地下茎(种根),随时均可种植。种植方法可用条播、穴播。不论用何种播法,均先将种根切成10厘米左右长,以利播种。

①条播法。在畦上,每隔25厘米削成尖沟,深5厘米左右。相隔5~6厘米放一段种根。将削沟时的泥土盖在种根上。本法每亩需种根60公斤左右。

②穴播法,每隔 30 厘米挖 1 穴,深3～4 厘米,每穴下种根2～3 段,覆盖泥土。本法每亩需种根25～40 公斤。

(3)匍匐茎繁殖　留兰香近地面茎节上常生匍匐茎,若有空地或所种之留兰香空隙太大之处,可切取 5 厘米长的匍匐茎,一端深埋地中,一端略露出地面,即能生长;或在第 1 次收割后,剩余的匍匐茎,照地下茎繁殖法种植。

(4)地上茎扦插繁殖　留兰香地上茎能生气根,在阴雨湿润之天气,剪取中段或下段,长 5 厘米左右,除去下部之叶,每隔 15 厘米插入土中,均能成活。天气干旱,须浇水2～3 次。

(5)分株繁殖　留兰香生长强健,每次收割后,地面萌生的苗甚多,生长得过密,会影响产油量,可将稠密处苗分栽,分株后浇水2～3 次。

(6)地上茎基部繁殖　每次收割后,将地上茎基部切取 10 厘米左右,依照行距 30 厘米、株距20～25 厘米,挖穴深种,上部略露出地面,浇水1～2 次。

3. 田间管理

(1)收割前的管理

①定苗。凡用种根条播者,至第 2 年清明后,幼苗萌生,高达 10 厘米左右时,疏去过密幼苗,保持间距 25 厘米,以便通风透光。间下的苗,可补植疏处或移植其他空地。

②中耕除草。秋冬种植者,至第 2 年春季,在留兰香未萌发之前,应将地面所生之杂草除净。至 4 月中旬,再疏松土面,兼除杂草,以后视情况,每半月或 1 月中耕除草 1 次。

③施肥。栽培留兰香,如基肥充足,施 1 次追肥即可;如不施用基肥,则需施追肥 2 次。施肥期在 4 月和 5 月初,一般在收割前 1 个月施追肥较好。追肥以有机肥为佳。

④灌溉。留兰香喜干湿适度的气候与土壤,应根据天气情

况及时灌溉与排水。

（2）收割后的管理

①收割后地面整理。收割后当日或最迟3~4日内,应将地面杂物全部除去,并锄松地面,使地下茎每节上的芽易于透出地面。锄地时要注意勿触动地下茎,以免受伤枯死。

②遮盖。地面整理完毕,肥料也施好后,用蒸馏过的留兰香茎叶或其他植物残渣撒盖地面,以防旱、防大雨冲刷土表、增加表土养分。

③施肥。每次收割后,除草前,将油粕类、厩肥、堆肥、草木灰等固体肥料,撒播地面,然后再用锄头锄削地面时,顺便将肥料带入土中。苗生长至5厘米以上时,再施1~2次稀薄人粪尿或硫酸铵,并浇水。

④灌溉。地面整理和施肥完成3日后,地面干燥,即需灌溉,以利幼苗早出土及肥料分解。

⑤除草。每次收割后的生长时间内,因生长茂密,中耕除草不便,需用手除去杂草。一般苗高5厘米左右时除草1次,苗高15厘米时再除草1次。

四、病虫害的防治

1. 霉烂病

雨水多时,发生严重。受害叶变黑腐烂生白霉,天晴叶干后,受害的叶枯缩,传染甚快。连晴无雾露时,该病停止传染。

防治方法:①种植不宜过密。②雨季注意排水,防止地块过湿。③发生病害用波尔多液（1：1：160）喷洒。

2. 尺蠖

爬行时身体中部向上弯曲如桥状,故又叫造桥虫。幼虫以留兰香叶片为食料,以6月中下旬和9月中旬为害最烈。为害轻者减产,重者能将一块田的留兰香全部吃光。

防治方法:经常进行检查,一旦发现为害,尽快用500～600倍液的敌百虫喷射。

五、收割加工

每逢连晴6～7日,温度高,植株高达40厘米以上,田中已长得密满,便可收割。收割时要齐地面刈割,割后铺在原地晒,晒至半干时,收去蒸油。在华中地区能收割2～3次,华南地区能收割3～4次。

六、综合利用

留兰香是药食兼用品,除采用茎、叶及花序作调味品外,主要以植株提取留兰香油使用。目前留兰香油在国内外除被广泛应用于非酒精性饮料、酒精性饮料、冰淇淋、糖果、果冻、口香糖、焙烤食品和薄荷冻外,还使用于多种日化产品中。

葱

葱为百合科葱属植物。烹调中取其肉质鳞茎叶做蔬菜或调味品。葱是常用调料,几乎各种菜肴都会用葱来调味,尤其烹制肉类、鱼类时,葱具有良好的去腥除膻增香作用。葱味辛辣,微有回甜,有类似洋葱的刺激性辣臭。其主要呈味成分为葱蒜辣素、二烯丙基硫醚等。葱入药,性温味辛。归肺、胃经。有发汗解表,通阳,利尿的功效。用于风寒感冒,寒凝气阻,腹部冷痛,小便不通等。葱在分类上有普通大葱(即大葱)、分葱、细香葱等。我国北方主产大葱,以山东、河南、河北、陕西、辽宁、北京、天津等地为集中产区,南方有分葱、细香葱等。本文以介绍大葱栽培技术为主,并简要地介绍分葱、细香葱栽培技术。

一、植物形态

大葱的根为白色弦线状须根,粗1~2毫米,着生在短缩的茎盘上,平均长30~40厘米,无根毛。茎为变态的短缩茎,扁球形,黄白色。叶由叶身和叶鞘组成。叶鞘圆管形,层层包围,环生在茎盘上。每个新叶均在前片叶鞘内伸出,抱合伸长,组成假茎(葱白)。花为伞形花序,圆球形,藏在膜状球形总苞内,内有400~500朵小花,先后开放。小花为两性花,异花授粉。果实为蒴果,成熟后开裂。种子易脱落,盾形,黑色,坚硬(图2-6)。

图2-6 大葱

二、生物学特性

1. 大葱的生育周期

大葱的生长期长短随播种期不同而异,春播仅通过1个冬天,需时450~480天;秋播要通过2个冬天,需时640~670天,到第3年才抽薹开花结籽。大葱的生育周期可分为营养生长期和生殖生长期两个阶段。

(1)营养生长期 大葱从播种到花芽分化,也就是生产上从播种到产品收获的时期。根据其生长发育特点,可将营养生长期分为发芽期、幼苗期、假茎(葱白)形成期、贮藏越冬休眠期4个小生长阶段。

(2)生殖生长期 从大葱花芽分化到种子成熟为生殖生长阶段。生殖生长期历经种株返青期、抽薹期、开花期、种子成熟期4个时期。

2. 大葱对环境的要求

(1)土壤 大葱对土壤适应性广，但因其根群小，无根毛，吸肥能力较弱，所以种在土层深厚、排水良好、富含有机质的疏松壤土上为好。大葱在盐碱地上生长不良，对土壤酸碱度要求以 pH 值 7~7.4 为好，低于 6.5 或高于 8.5 时对种子发芽、植株生长都有抑制作用。大葱比较喜肥，对土壤中的氮肥最敏感，但仍需施以磷、钾肥料才能生长良好。据分析，每生产 1 000 公斤大葱约需从土壤中吸收氮 3.00 公斤、磷 1.22 公斤、钾 4.00 公斤。

(2)温度 大葱是耐寒性植物，耐寒能力较强，地上部能忍受 -10℃ 的低温。种子发芽适温为 15℃~25℃，植株生长适温为 20℃~25℃。大葱属绿体通过春化的植物，当植株具有 4 个以上叶片，茎粗在 0.4 厘米以上时，在 2℃~5℃ 条件下经过 60~70 天可通过春化阶段。所以，大葱成株在露地或贮藏窖内越冬时，就可感受低温，通过春化。

(3)水分 大葱叶片管状，表面多蜡质，能减少水分蒸腾，但因根系无根毛，吸水力差，故应及时保证水分供应。大葱不耐涝，夏季高温多雨时，应控制灌水，及时防涝，以免沤根死苗。抽薹期也应控制水分，使花薹生长粗壮，防止种株倒伏。

(4)光照 大葱对光照强度要求不高，光补偿点是 2 500 勒克斯，饱和点是 25 000 勒克斯。光照过低，光合作用弱，有机物质积累少，生长不良；光照过强，叶片容易老化。大葱对日照长度要求为中光性，只要通过了春化，不论在长日照或短日照下都能正常抽薹开花。

三、栽培技术

1. 大葱的主要栽培品种

大葱根据葱白的形态和长短，可分为长葱白和短葱白两个类型。长葱白类型葱白长,葱白形指数(即葱白的长度和粗度比)大于10,上下粗度比较均匀,主要栽培品种有章丘梧桐、寿光八叶齐、河北高脚白、宝坻五叶齐、华县谷葱等;短葱白类型葱白短而粗,或基部膨大成鸡腿形,葱白形指数小于10,主要栽培品种有寿光鸡腿葱、河北对叶葱、隆尧鸡腿葱、陕西黑葱等。

2. 栽培季节

大葱对温度的适应性较广,幼苗可以越冬,炎夏也不休眠,产品不论大小,随时可以收获上市,故可分期播种,周年供应。而供应冬季贮存的大葱,需在一定气候条件下栽培,才能形成粗大质优的葱白。北方栽培季节比较严格,一般秋播,翌年夏栽,入冬即可成为优质产品。在冬季土壤不冻结的南方,可春播或秋播,春播后当年冬季即可收获葱白,但产量较低。

3. 选地与茬口安排

大葱需培土,宜选择质地疏松、肥力中等、土层深厚、能灌能排的中性或微碱性地块育苗和栽植。大葱忌连作,连作时生长差,产量低,病虫害重。生产上应进行3~4年轮作。大葱定植时较好的前茬作物为小麦、大麦、越冬莴笋、越冬菠菜、春甘蓝等。

4. 整地

大葱种皮厚且坚硬,播种后出苗慢,幼苗期较长,栽培中一般都采用育苗后移栽定植的方法。苗床宜选土壤疏松、有机质丰富、地势平坦、灌溉方便的沙壤土,每亩均匀撒施腐熟农家肥3 000~4 000公斤,土壤缺磷时,每亩地块可施过磷酸钙25公斤,尔后深耕细耙,作畦。

5. 播种和育苗

(1)播种时间 大葱以秋播为主,秋播以秋分前后为好,严寒地区还可提早,以幼苗越冬前有40~50天的生育期,能长成

2～3片真叶,株高10厘米左右,径粗4毫米以下为宜。播种过早,容易抽薹;过晚则秧苗越冬时容易冻死。大葱亦可春播,但产量较低。

(2)播种方法　大葱种子寿命较短,在一般贮藏条件下仅1～2年,生产上宜采用当年新籽作种,每亩播种量为3～4公斤,如用隔年陈籽宜加大用种量。播种前进行浸种,能提高发芽率和出苗率。方法是先用清水漂除秕籽和杂质,再换清水浸种约24小时,取出晾干待播。播前浇足底水,然后撒种,为了播种均匀,可将种子混入细土。播后再盖土1厘米左右。

(3)幼苗管理

大葱秋播育苗,幼苗生长经历冬前、越冬和越冬后3个阶段,应分段进行管理。

①冬前管理。播种后,苗床土壤应保持湿润,防止床土板结,在子叶未伸直前要浇水1次,以利子叶伸直,扎根稳苗,子叶长成后,根据天气情况,再浇水1～2次,水量不可过多,以免秧苗徒长。

②越冬管理。冬前一般不追肥,而在土壤结冻前结合追稀粪,灌足冻水,高寒地区还应覆盖1～2厘米厚的马粪或农家肥,以利于防寒保墒,幼苗安全越冬。

③越冬后管理。翌年土壤化冻后要及时撤去覆盖的有机肥,清洁田园,促进秧苗返青。当苗高6～7厘米时,浇返青水。返青水不宜浇得过早,以免降低地温,如遇干旱也可于晴天中午灌1次小水,灌水同时进行追肥,以促进幼苗生长。当葱苗再长出3片真叶后,幼苗进入快速生长期,生长显著加快,应结合灌水追肥,每亩每次施入硫酸铵10公斤及粪稀等,以满足幼苗旺盛生长的需要。幼苗高50厘米,已有8～9片叶时,应停止浇水,锻炼幼苗,准备移栽。

幼苗期要及时间苗,当苗高 15 厘米左右时进行第 1 次间苗,苗距2~4 厘米。苗高 20 厘米时再间 1 次苗,苗距6~8 厘米,每次间苗都要除去小苗、弱苗、病苗、不符合品种特性的苗,同时中耕,划松地表,拔除杂草,并浇 1 次水,以密接因间苗而松动的土壤。

春播育苗,出苗期间要保持土壤湿润,以利出苗。苗床干旱、土面板结时应浇水,使子叶顺利伸出地面。播种后全畦用地膜覆盖,对出苗有较好效果。幼苗出齐要及时撤除地膜。出苗后到三叶期,要控制灌水,使根系发育健壮,三叶期后再浇水追肥,促进秧苗生长。

6. 定植

(1)定植时间 大葱除少数地区春季定植外,大部分地区在5~7 月间进行定植。一般在适期内应争取早整地、早栽苗,这样当雨季和高温来临前,葱苗已经缓苗返青,立秋转凉前植株已形成强大根系,就可很快进入葱白生长盛期,使大葱积累较多养分,达到优质高产。

(2)整地开沟 栽植大葱的地块,在前茬作物收获后,应立即清除枯枝落叶和杂草,普施腐熟农家肥,进行深翻,使土肥充分混合,耙平后开沟栽植。栽植沟宜南北向,使受光均匀,并可减轻秋冬季节的北向强风造成的大葱倒伏。开沟间距,因品种、产品标准不同而异。短葱白的品种宜用窄行浅沟,长葱白的品种对葱白要求不高时可窄行浅沟,质量要求高时用宽行深沟。

(3)秧苗分级 起苗前1~2 天苗床要浇 1 次水。起苗时抖净泥土,剔除病、弱、伤残苗和有薹苗,将葱苗按大小分为 3 级,分别栽植。一般一级苗每公斤 60 棵左右;二级苗 75 棵左右,三级苗 90 棵左右。栽植时大苗略稀,小苗略密,边起苗、边分级、边定植。

（4）定植方法　大葱定植的方法有排葱法、插葱法等。

①排葱法。适用于短葱白类型品种的定植。方法是在定植沟内按株距排好苗,使葱苗基部少部分进入沟底松土层内,再用小锄从沟的另一侧取土,埋至葱苗基部最外一叶的叶身基部,用脚踩实,顺沟灌水。

②插葱法。适用于长葱白类型品种的定植。插法有干插和水插两种。干插方法是左手扶住葱苗,根朝下,右手拿小木棍,用木棍下端压住葱根基部,将葱苗随木棍垂直插入沟底的松土层内,以中线为准插单行。插完后踩实葱苗两侧的松土,然后浇水。水插方法是先往沟内灌水,等水渗下后,立即把葱苗插下去。栽植深度以不埋没葱心为限,以心叶高出沟面7～10厘米为宜。

7. 田间管理

（1）水分管理　定植后,若天气不十分干旱,一般不浇水,让根系迅速更新,植株返青。如遇大雨,应注意排涝,防止烂根。秋凉以后,葱白处于生长初期,气温仍偏高,植株生长还较缓慢,对水分要求不高,应少浇水,并应于清晨浇水,避免中午浇水骤然降低地温,影响根系生长。处暑以后,直至霜降前,大葱进入生长盛期,这段时间叶片和葱白重量迅速增长,需要大量水分和养分,应逐渐增加浇水次数,保持地面湿润。霜降以后气温下降,大葱基本长成,进入假茎（葱白）充实期,需水量减少,应逐渐应减少灌水。收获前7～10天停止浇水,便于收获贮运。

（2）追肥　大葱喜肥,应根据大葱生长发育特点分期追肥。8月上旬,炎夏刚过,天气转凉,植株生长逐渐加快,应追1次攻叶肥,可每亩施复合肥15～20公斤,或尿素、硫酸钾15公斤,或腐熟农家肥1 000～1 500公斤。肥料施沟脊上,中耕混匀,锄于沟内,浇1次水,满足叶片增加和增多的需要。进入9月上旬,大葱处在生长的适温季节,葱白进入生长盛期。此时应追攻棵肥,分2～3次追入,氮、磷、钾并重。第1次每亩施腐熟的农家肥4 000～5 000公斤,或加硫酸钾15～20公斤,可施于葱行两侧,中耕以后培土成垄,浇水。后2次追肥可在行间撒施硫酸铵或尿素15～20公斤,浅中耕后浇水,以满足迅速生长的需要。

(3)培土 培土是软化叶鞘、防止倒伏、提高葱白产量和质量的一项重要措施。培土一般进行3～4次,在秋凉以后开始,每隔半月培土1次。培土应在下午进行,避免早晨露水大、湿度大时因假茎、叶片容易折断而造成腐烂。在第1～2次培土时,气温高,植株生长缓慢,培土应较浅。在第3～4次培土时,植株生长快,培土可较深。每次培土都不可埋没心叶,以不超过叶鞘和叶身的交界处为度,以免影响大葱的生长。

8. 间作套种

大葱耐阴,可和其他蔬菜作物间作套种,如葱秧畦埂可套种早豌豆、早甘蓝、苤蓝等,茄子行间可套种大葱,并可与番茄、冬瓜等隔畦间作。

9. 分葱和细香葱栽培技术

(1)分葱 分葱原产我国,有特殊辛香,多作菜肴调料用。多年生草本植物,我国南方各地普遍栽培。辣味淡,以食嫩叶为主。分葱植株矮小丛生,鳞茎不特别膨大,分株能力强。根弦线状,叶细长,管状、中空,先端圆锥形,绿色。假茎细短,白色。株高仅40厘米左右,虽能开花,多不易结实,用分株繁殖。生长适宜温度为13℃～20℃,不耐高温、强光和空气干燥,要求土壤水分充足,但不耐涝。

分葱的特点是分株能力强,分株繁殖成活后长出3～4片叶,即开始再次发生分株,1株每年可形成20～80个分株,呈丛生状。当分株过多互相拥挤,生长受到抑制时,需将植株挖出,重新分株栽植。

分葱宜栽植在地势高燥、有机质丰富、保水力强又排水良好的沙壤土上，施用的基肥以农家肥为主。栽植时，在整平的畦上，按行株距24厘米×14厘米挖穴，每穴栽3~4株，栽深5~7厘米，栽后浇水。生长期间，每收割1次就要追1次速效氮肥，以促进叶片生长。施肥量幼苗期少些，随着植株生长可加大用量。

（2）细香葱　细香葱具特殊香味，多作调味用。长江以南各地有少量栽培，食用嫩叶和假茎。多年生草本植物，叶中空管状，先端尖细，长30~40厘米，直径6毫米，皮灰白色，有时带红色。喜冷凉气候，全年都可生长，以春秋两季生长旺盛。耐寒、耐肥，对土壤适应性广，但不抗热，不耐旱。

细香葱分株能力强，每株茎都有生活力强的芽，在适宜条件下成长成稠密的株丛。用分株繁殖，栽植时间一般从8月开始至翌年5月间，栽植深度掌握宜浅不宜深，一般以6~7厘米为宜。栽植距离一般按行距15~25厘米，株距8~12厘米开穴。每穴栽4~8株，栽后1个月可收获。田间管理以水肥为重点，间有除草、防治病虫害等。

四、病虫草害防治

1. 病害

（1）葱类霜霉病　危害叶片、花梗、鳞茎。起初形成椭圆形淡黄色病斑，边缘不明显，表面产生白色霉。幼苗感病后可全株死亡，成株感病造成减产。

防治方法：①选抗病品种和无病地留种。②清洁田园，实行轮作。③药剂防治。发病初期喷75%百菌清可湿性粉剂600倍液，或75%代森锰锌可湿性粉剂500倍液，或50%托布津可湿性粉剂 600 倍液,或 64% 杀毒矾 M₈ 可湿性粉剂 500 倍液,或 58% 甲霜灵锰锌可湿性粉剂 500 倍液,或铜铵合剂(硫酸铜 1 公斤加碳酸氢铵 0.55 公斤)500 倍液,或 40% 灭菌丹可湿性粉剂 400 倍液等。每 7～10 天 1 次,共喷 3～4 次,各种药剂应轮换使用。为增加药液的粘着性,可在每 10 公斤药液中加 5～10 克中性洗衣粉。

(2)葱类紫斑病　危害叶片、花梗、鳞茎。初期病斑小,灰色至淡褐色,中央微紫色,有黑色分生孢子。病斑很快扩大为椭圆形或纺锤形,凹陷,呈暗紫色,常形成同心轮纹。环境条件适宜时,病斑扩大到全叶,或绕花梗 1 周,叶片、花梗枯死或折断,严重影响鲜葱的产量、品质和种子的成熟。

防治方法:①清洁田园,实行轮作。②选抗病品种。③加强管理,多施基肥,雨后排水,使植株生长健壮,增强抗病力。发病后控制浇水,及早防治葱蓟马,以免造成伤口等。④药剂防治。同葱类霜霉病。

(3)葱类锈病　危害叶片和花茎。病部产生椭圆形或梭形黄色稍隆起的疱斑(夏孢子堆),表皮裂开后散出橙黄色夏孢子;后期病部形成黑褐色椭圆形稍隆起的疱斑(冬孢子堆),纵裂散出紫褐色冬孢子,致叶片上长满疱斑,病叶干枯。以春秋两季发病严重。

防治方法:①选抗病品种。②多施农家肥,增强植株长势,提高抗病能力。③发病严重田块,提早收获。④药剂防治。发病初期喷药,用 25% 粉锈宁可湿性粉剂 2 000～3 000 倍液,或 50% 萎锈灵乳油 800～1 000 倍液,或 65% 代森锰锌可湿性粉剂 400～500 倍液等防治有效,每 10 天 1 次,共喷 2～3 次。各种药剂轮换使用。

(4)葱类菌核病　危害叶片、花梗,多发生在近地表处。菌丝由外向内层叶鞘扩展,严重时全株倒折,基部腐烂死亡,病部产生白色絮状菌丝和黑色短杆状或粒状菌核。

防治方法:①清洁田园,实行轮作。②雨季加强排水,减少土壤水分。③药剂防治。在发病初期用50%多菌灵可湿性粉剂300倍液,或50%甲基托布津可湿性粉剂500倍液,或40%菌核净可湿性粉剂1 000~1 500倍液等喷灌植株基部,每7~10天1次,连喷2~3次。各种药剂轮换使用。

(5)葱类黄矮病 危害叶片产生黄绿色斑驳,或呈长条黄斑,叶面皱褶,新叶生长受阻,植株矮小。发病严重时叶尖黄化,整株枯死。

防治方法:①实行轮作。不要在葱蒜类蔬菜栽植地育苗。②春季育苗应适当早播,若有蚜虫,应在苗床上覆盖尼龙纱等防蚜。③育苗期及栽苗时拔除病株。苗期喷施杀虫剂防蚜。

此外,葱类病害还有白粉病、白腐病、炭疽病等,可参考以上方法进行防治。

2. 虫害

(1)葱斑潜蝇 又称潜叶蝇、叶蛆。幼虫在叶内曲折穿行,潜食叶肉,叶片上可见到迂回曲折的蛇形隧道。叶肉被害,只留上下两层白色透明的表皮,严重时,每叶片可遭到10几条幼虫潜食,叶片枯萎,影响光合作用和产量。

防治方法:①清洁田园。前茬收获后清除残枝落叶,深翻、冬灌,消灭虫源。②药剂防治。在产卵前消灭成虫,成虫发生盛期喷灭杀毙6 000倍液,或40%乐果乳剂1 000~1 500倍液,或80%敌敌畏乳剂2 000倍液,或50%敌百虫800倍液,每5~7天喷1次。幼虫危害时,喷40%乐果乳剂1 000~1 500倍液,在收获前2周停用。以上药剂共喷2~3次,并轮换使用。

(2)葱蓟马 成虫、若虫都能危害,以刺吸式口器危害植物心叶、嫩芽的表皮,舔吸汁液,出现针头大小的斑点。严重时葱叶弯曲,枯黄,影响植株光合作用。

防治方法:①清洁田园。及早将越冬葱地上的枯叶清除,消灭越冬的成虫和若虫。②适时灌溉。尤其早春干旱时,要及时灌水。③药剂防治。用50%马拉硫磷乳油,或50%乐果乳剂、50%辛硫磷乳油、50%巴丹可湿性粉剂、80%~90%乙醚甲胺磷可湿性粉剂1 000倍液,亦可用25%亚胺硫磷乳油500倍液、灭杀毙6 000倍液,进行防治。以上各种药剂要轮换使用。

3. 草害

大葱播种后由于出苗慢,幼苗生长慢,地面裸露,易长杂草,影响幼苗健壮生长,所以,小葱地必须及时除草。小葱地的杂草,大多是1年生的狗尾草、稗草、马唐、野苋菜、灰菜等,除进行人工除草外,也可用化学药剂除草。

常用化学除草剂有:33%除草通乳油,每亩用100毫升,对水喷雾。也可用48%氟乐灵乳油每亩100~150毫升,或48%地乐胺乳油每亩150毫升,这两种药剂喷雾后要浅中耕,使药剂与土壤混合,避免光解。还可用25%除草醚乳油每亩400毫升,或35%除草醚乳油每亩200毫升,加50%利谷隆可湿性粉剂每亩50克混合。

喷药方法是:上述任何一种除草剂,在小葱播种后、出苗前、杂草尚未萌发或刚萌发时使用,效果较好。如果用药偏晚,杂草已经大量出土时,则防治效果较差。其中,除草通比较安全,其他均有不同程度的药害。

冬前播种的小葱返青后,可用除草通或氟乐灵、地乐胺、除草醚等,按上述药量加20~30公斤细土混匀,做成毒土撒施,效果较好。还可根据田间杂草种类,选用药剂。如防除禾本科为主的杂草,选用氟乐灵、地乐胺、除草通等;防除荠菜、灰菜为主的杂草时,可用利谷隆、除草醚等。

五、收获加工

大葱可以根据市场需要,随时收获上市,9～10月份就可以鲜葱上市。这时上市的大葱叶绿质嫩,含水量多,不能久贮。一般越冬干贮大葱,要在晚霜以后收获。霜降以后,管状叶内的水分减少,叶肉变薄下垂时,正是冬贮干葱的收获适期,应及时收获。尤其要注意不能让大葱受冻,以免引起腐烂。冬贮大葱的收获适期随各地气候不同而异,如东北地区10月初至结冻前、北京在10月底、山东在11月中下旬收获。

收获时,先掘开培土的一侧,露出葱白,轻轻拔出,忌猛拔猛拉,避免产品受伤而降低质量。收获后抖去泥土,摊放在地里,晾晒2～3天,待叶片柔软,须根和葱白表层半干时,除去黄叶、枯叶,按大小分级打捆,上市销售或贮藏。

六、综合利用

大葱除熟食外还可生食,并可入药。分葱、香葱的用途也很广泛,如葱味饼干、方便面中,都用香葱作调味料,近年来又出现分葱、香葱的加工产品,如加工成葱油、葱末干、葱粉等。葱类在国内的市场广阔,出口量亦日增,是一种很有发展前途的调味佳品。

紫　　苏

紫苏为唇形科植物,又名赤苏、白苏、回苏等,其果实(紫苏子)、叶(紫苏叶)、茎(紫苏梗)均供药用。烹调中取其嫩茎叶作调味品或蔬菜,偶用种子及干燥茎叶。紫苏入肴调味,能为荤腥矫味赋香,可单独使用,也可与其他香辛料配合使用。紫苏香气浓郁,具独特清香,味微辛。其主要呈味成分为紫苏醛、紫苏醇、芳樟醇、薄荷脑、丁香酚、丁香烯、香薷酮、紫苏酮等。紫苏子、叶、梗入药,均性温,味辛。紫苏子归肺经,具有降气消痰、平喘、润肠的功效,用于痰壅气逆、咳嗽气喘、肠燥便秘等;紫苏叶归肺、脾经,具有解表散寒、行气和胃的功效,用于风寒感冒、咳嗽呕恶、妊娠呕吐、鱼蟹中毒等;紫苏梗归肺、脾经,具有理气宽中、止痛、安胎的功效,用于胸膈痞闷、胃脘疼痛、嗳气呕吐、胎动不安等。全国各地广泛栽培。长江以南各省有野生,见于村边或路旁。

图 2-7 紫苏

一、植物形态

一年生草本,高30～100厘米,有香气。茎直立,四棱形,紫色或紫绿色,多分枝,有紫色或白色长柔毛。叶对生;叶柄长3～5厘米;叶片皱,卵形至宽卵形,长4～11厘米,宽2.5～9厘米,先端突尖或渐尖,基部近圆形,边缘有粗圆齿,两面紫色或上面绿下面紫,两面均疏生柔毛,沿脉较密,下面有细油点。轮伞花序顶生及腋生,组成偏向一侧的总状花序;苞片卵状三角形,具缘毛;花萼钟形,先端5裂,外面下部密生柔毛;花冠二唇形,紫红色或淡红色。小坚果近球形,灰棕色或灰褐色。花期7~8月,果期8~9月(图2-7)。

二、生物学特性

紫苏对气候条件适应性较强,但在温暖湿润的环境下生长旺盛,产量较高。种子发芽的最适温度为25℃左右,在湿度适宜的条件下,3~4天可发芽。紫苏生长要求较高温度,充足阳光,因此,前期生长缓慢,6月以后气温高,光照强,生长旺盛。当株高15~20厘米时,基部第一对叶子的腋间萌发幼芽,开始侧枝的生长。7月底以后陆续开花。从开花到种子成熟约需1个月。土壤以疏松肥沃、灌溉排水方便为佳,酸碱度以pH6~7较适宜。在粘性或干燥、瘠薄的沙土上生长不良。

三、栽培技术

1. 选地整地

宜选阳光充足、灌溉排水方便、疏松肥沃的壤土,前茬以小麦、蔬菜为好。3~4月播种前整地,每亩施厩肥或堆肥2 000~3 000公斤作基肥,耕翻土地深25厘米左右,整细耙平,作畦。

2. 繁殖方法

紫苏用种子繁殖,通常采用直播,也可育苗移栽。

(1)直播 多为春播。播种期南方在3月下旬,北方在4月中下旬。条播、穴播均可。

①条播。在整好地的畦面上,按行距50厘米,开0.5~1.0厘米浅沟,播后覆薄土并稍压实,以利于出苗。每亩用种子0.75公斤左右。

②穴播。在畦上按行株距50厘米×30厘米挖穴,播后覆薄土,在穴内施稀薄人畜粪尿,每亩1 500公斤左右。紫苏出苗

快慢与温度有关,播种早温度低出苗慢,反之则快。

(2)育苗移栽　在种子缺乏,或前茬作物尚未收获时,可采用育苗移栽法。苗床宜选向阳温暖的地方,床土要施足厩肥或堆肥,并加入适量的过磷酸钙或草木灰。育苗期南方在3月,北方在4月。播前在苗床上先浇1次透水,待水渗下后,将种子均匀撒于床面,播种量每平方米10~14克,盖一层细土,以不见种子为度,保持床面湿润,一般7~8天可出苗。早春气温低,可在苗床上覆盖地膜,以保温保湿,幼苗出土后及时揭去地膜。苗出齐后,间去过密的幼苗。一般要间苗3次,苗距约3厘米,以互不拥挤为标准。经常除草,适时浇水。

在4~5月间,苗高15~20厘米、有3~4对真叶时进行移栽。挖苗前1天,将苗床浇透,以保证挖苗时不伤根。苗子要随挖随栽。在整好的地上,先按50厘米行距开沟,深约15厘米,将苗按30厘米的株距排列在沟内一侧,然后覆土,浇定根水。1~2天后松土保墒,干旱时浇水2~3次。

留种的紫苏宜稀植,以行株距各50厘米为宜,加强水肥管理,使之生长健壮。

3. 田间管理

(1)间苗补苗　条播应在苗高15厘米左右时按30厘米株距定苗;穴播者,每穴留苗2~3株,如有缺株应补上。育苗移栽者,栽后1周左右,如有死亡,也应及时补栽。

(2)中耕除草　植株封垄前必须勤锄,特别是直播后容易滋生杂草,做到有草即除。浇水或雨后土壤易板结,应及时松土,但不宜过深,以防伤根,也可将中耕与施肥培土结合进行。

(3)追肥　紫苏枝叶生长茂盛,需肥量大。如果土壤贫瘠或未施底肥,出苗后可隔周施1次化肥,每次每亩施13~20公斤磷酸二铵,全生育期用量100~130公斤。若用人畜粪尿追施,6~8月每月1次,每次每亩1500公斤左右,第1次由于苗嫩施肥宜淡,最后1次追肥后要培土。

(4)摘心 紫苏的分枝性较强,如以采收种子为目的,应适当摘除部分茎尖和叶片;如以收获嫩茎叶为目的,则可摘除已进行花芽分化的顶端,使之不开花,维持茎叶旺盛生长。

(5)灌溉排水 紫苏在幼苗和花期需水较多,干旱时应及时浇水。土壤湿度大会引起烂根,因此雨季应注意排涝,以免烂根死亡。

四、病虫害防治

1. 病害

(1)斑枯病 6月以后开始发生,初期叶面出现褐色或黑褐色小斑点,逐渐扩大成为近圆形大病斑,病斑干枯后形成穿孔。高温多湿或种植过密,透光和通风不良易染此病。

防治方法:①种植不要过密,雨季注意排水,不宜在病株上采集种子。②发病初期用代森锰锌70%胶悬剂干粉喷撒,或用1:1:200波尔多液喷洒,采收前20天停止用药。

(2)锈病 7月以后发生。开始时植株基部的叶背发生黄色斑点,湿度越大传播越快,严重时病叶枯黄反卷脱落。

防治方法:①栽种密度适宜,雨季注意排水。②发病初期用25%粉锈宁1000倍液喷雾防治。

2. 虫害

(1)小地老虎 以幼虫咬断幼苗,造成缺苗,严重时缺垄。

防治方法:①经常检查,发现植株倒伏,扒土检查捕杀幼虫。②将麦麸炒香,用90%晶体敌百虫800倍液拌潮,撒在畦周围诱杀。

(2)银纹夜蛾 7~9月发生,以幼虫咬食紫苏的茎叶为害。

防治方法:用90%晶体敌百虫1000倍液喷雾。

（3）甘蓝夜蛾　别名夜盗蛾。受害严重时叶肉全被吃光，仅剩较粗的叶脉和叶柄；受害轻时叶子也被咬成大小不等的孔，影响产量。成虫趋光性不大，但对糖蜜的趋性很强。

防治方法：①白天用手或用树枝拨开被害幼苗周围1～2寸深的表土进行捕捉。②成虫发生多时，用糖蜜诱杀器诱杀。③老龄幼虫为害特别严重，白天又多潜伏在土中，因此，最好在幼虫2～3龄时（被害叶出现小孔）即开始用90%晶体敌百虫1 000倍液喷雾，喷药次数根据为害情况决定。

（4）紫苏野螟　又名紫苏红粉野螟、紫苏卷叶虫等，是危害紫苏等多种唇形科药用植物的重要害虫。株害率可高达50%以上，百株虫数可多至688头。被害植株卷叶或枝头被咬折断，影响生长。

防治方法：①越冬前清园，处理残株落叶，减少越冬虫数。②收获后，冬季耕翻土地，消灭部分在土缝中越冬的幼虫。③轮作，忌与唇形科作物连茬或套作。④在幼虫盛孵期，用20%杀灭菊酯乳油2 000～3 000倍液，或80%敌百虫可湿性粉剂1 000倍液喷雾。

（5）旋心异跗萤叶甲　7月上、中旬是为害盛期。幼虫从近地面的茎部或地下茎部钻入，虫孔褐色。幼苗受害严重者即行死亡，造成缺苗断垄现象，一般使心叶枯萎，影响发育，造成减产。

防治方法：①越冬前清除田间植株落叶，降低虫口越冬成活率。②在虫口密度较大时，及时喷药。可用2.5%的敌百虫粉防治，亩用量2.5公斤。

五、采收加工

1. 采收

紫苏的采收期因用途及气候不同而异。一般认为枝叶繁茂时挥发油含量高,即花穗刚抽出1.5~3厘米时含油量最高,因此,上海一带,蒸馏紫苏油的紫苏全草,在8~9月花序初现时收割。作药用的苏叶、苏梗多在枝叶繁茂时采收。南方7~8月,北方8~9月。苏叶、苏梗、苏子兼用的全苏一般在9~10月份,等种子部分成熟后选晴天全株割下运回加工。

2. 加工

紫苏收回后,摊在地上或悬挂通风处阴干,干后连叶捆好,称全紫苏;如摘下叶子,拣出碎枝、杂物,则为紫苏叶;抖出种子即为紫苏子;其余茎秆枝条即为紫苏梗。全草收割以后,去掉无叶粗梗,将枝叶摊晒1天即入锅蒸馏,可得紫苏挥发油。

六、综合利用

紫苏为常用药食共用品,在多方面可开发利用。

紫苏种子富含油脂,用种子榨出的油,色浅淡似茶油透明,味道芳香可口,而且油中无芥酸等有害成分,因而是优良的保健食用油。酱油、醋中加入少量还可防腐保鲜。紫苏种子油还是轻重工业中的高级油料,可用来制造清漆、色漆、油墨以及肥皂、涂料、化妆品、高级润滑油等。榨油后的油渣含较多的粗蛋白,是畜禽的优质饲料,其价值高于菜籽饼和棉籽饼。紫苏种子中提取的紫苏醛,本身无甜味,经肟化后得到的紫苏醛反肟是一种甜味剂,其甜度是蔗糖的2 000倍,它可用于卷烟业和食品加工业。

紫苏茎叶清香,其汁液烧粥,可健胃解暑;鲜叶或提取物可做成保健饮料,用于解暑;用幼嫩叶片腌成泡菜,鲜香爽口,风味宜人。紫苏提取物与环糊精、薄荷油、柠檬油、姜油等混合,可制成除臭剂。紫苏全株所含挥发油,有较强的防腐作用,可以用作食品和药品的防腐剂。将紫苏地上部分的酸性或中性提取物通过离子交换树脂柱,以稀碱或有机溶媒-水混合物洗脱,调节洗脱物的 pH 值,即产生类似黄酮的黄色色素和红色花青甙色素,这两种色素可用于食品、药品和化妆品。

此外,紫苏花量大,是优良的蜜源植物。秸秆有较高的营养价值,可作奶牛等的饲料。根系具有很强的固土、防止流水冲刷功能,栽种于坡地可防止水土流失。

薄　荷

薄荷为唇形科植物薄荷的地上部分。烹调中取其叶、茎、花序作调味品。薄荷入肴调味,可赋予菜点特殊清凉香气。国内多用于制作点心、糖果、清凉饮料,也可作蔬菜,炸、拌、做汤等均可。干品可泡茶,国外用于炖肉、色拉、汤类、做薄荷冻等。薄荷气味芳香、清凉,但不同薄荷风味又有区别。其主要呈味成分为薄荷脑、薄荷酮、乙酸薄荷酯等。薄荷入药,性凉味辛。归肺、肝经。有宣散风热、清头目、透疹的功效。用于风热感冒,风温初起,头痛,目赤,喉痹,口疮,风疹,麻疹,胸胁胀闷等。

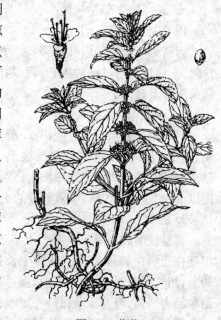

图 2-8　薄荷

主产于江苏、广西、江西、河北、四

川等省区。

一、植物形态

多年生芳香草本,茎直立,高30~80厘米。根状茎匍匐生长,白色,质脆,易折断。地上茎基直立或基部外倾,四棱形,被逆生的长柔毛。叶对生,椭圆形或披针形,叶缘有锯齿,两面有毛和油点。花小细密,轮生于上部叶腋,轮伞花序,花冠淡红色、淡紫色或乳白色。小坚果,长圆状卵形,淡褐色。花期7~9月,果期10~11月(图2-8)。

二、生长发育环境条件

1. 海拔

薄荷对环境的适应性较强,在海拔2 100米的以下的山区、丘陵、平原地区均可正常生长,而以在低海拔地区栽培,精油和薄荷脑含量较高。

2. 土壤

对土壤的要求不十分严格,一般土壤均能生长,而以地面平坦、疏松、便于灌溉排水的沙质壤土、壤土和腐殖质土为最好。粘重、瘠薄、低洼积水或酸碱性太强的土壤不适栽培。土壤酸碱度以pH5.5~6.5较适宜,微碱性的土壤也能栽培。忌连作。

3. 温度

喜温暖湿润环境。早春当土温达5℃~6℃时,薄荷的地下根茎在土壤中即可发芽。薄荷生长期最适合的温度为20℃~30℃,当气温降至-2℃左右时,茎叶就枯萎。薄荷地下根茎的耐寒能力很强,只要土壤保持一定水分,在-20℃~-30℃的地区仍可安全越冬。一般认为,昼夜温差大,有利于油、脑的积累。

4. 水分

一般年降水量在1 200毫米左右为宜,降水量分布对薄荷的生长发育有着很大的影响。薄荷生长初期和中期需要一定的降雨量,到了现蕾开花期,特别需要充足的阳光和干燥的天气。薄荷生长期雨量不足又未能及时灌溉和开花期雨水过多均不利于生长,影响产量和质量。

5. 光照

薄荷是喜光性植物,阳光充足对其产量及油、脑含量均有较大益处。

薄荷生长期间,需要充足的光照,日照时间越长,光合作用越强,有机物质积累多,油、脑含量就越高。在光照不足的情况下,会导致植株叶片脱落增加,分枝减少,含油量和含脑量下降。因此,在生产中必须根据品种的分枝能力和肥、水等条件,安排合理的密度。

三、栽培技术

1. 选地整地

选择种植薄荷的田块,要做到灌水排水方便且光照充足。土地精耕细耙后,分畦(宽2.5～3米)并挖好排水沟,以利灌排。在条件许可的情况下,最好在栽种前结合土地翻耕,施入堆、厩肥和过磷酸钙等作为基肥。

2. 繁殖方法

(1)根茎繁殖 头刀收割时把本田一部分种根翻起,播于另一块近2～3年来未种过薄荷且便于灌溉的地里。播种前,先整好土地,取材之后必须马上进行播种以免材料失水干燥,影响出苗。播种方法以条播为宜,开好沟后(沟深8～10厘米,行距20～25厘米),把根茎小段均匀撒入沟中,随即覆土压实。在畦面上用薄荷渣、稻草、麦秸或其他覆盖物加以覆盖,并马上进行灌溉(傍晚进行为宜),这样约经10~14天就可出苗。出苗前应特别注意土壤水分状况,及时灌水,这是此法成败的关键。待大部分幼苗已出土时,及时去掉覆盖物(傍晚之前进行),以免影响幼苗的正常生长。苗高10厘米左右时,中耕除草1次,并追施稀薄人粪尿或化肥,以后再适当施肥1次。采用此法,若管理得好,至秋天地上部仍可收割蒸油。地下部每亩可得到粗壮、节间短的纯种白根750~1 000公斤,可供大田种植7~10亩。

(2)茎秆繁殖　薄荷植株地上部直立主茎基部节上的对生潜伏芽,在自然生长的情况下,由于受到顶端生长优势的影响,一般均处于潜伏状态(不萌生),当其脱离母株,播于土中,在土壤、水分、温度等条件适合的情况下,经过一定时间就会萌芽生根,长成植株,生长至一定阶段,在土表层的主茎基部又会长出新的根茎(种根)。

头刀收割时,取植株下部不带叶子(自然脱落)的茎秆(每段2~3个节)作为繁殖材料。播种方法、管理措施与根茎繁殖法相同。

(3)移苗繁殖　这一方法在头、二刀均可进行。头刀宜在苗高12~15厘米匀密补稀时,把稠密处具有本品种形态特征的幼苗带土移植于已耕整好的另一块地里。二刀宜在苗高10~12厘米时进行。移植后务须及时浇水(或灌水),尤其是二刀期,正处盛夏,气温高,空气干燥,更应注意,否则会影响成活率。其他管理措施与本田相同。

(4)匍匐茎繁殖　头刀收割后,可利用锄残茎时锄下来的匍匐茎,切成10厘米左右长的根段进行播种,其方法及管理措施与根茎繁殖法相同。节上的潜伏芽在土壤温度、水分条件适合的情况下,能萌发成苗,从节上长出不定根,形成一个新的植株。

大田冬栽常采用地下根茎繁殖法。茎秆繁殖法、移苗繁殖法,在生产上可作为品种复壮和提高品种纯度的有效措施。

3. 栽种

(1)栽种时间　在我国长江流域,宜在立冬与小雪之间栽种。栽得过早,气温较高,种根当年出苗,遇上寒流侵袭会被冻死;若栽得过迟,天寒地冻,栽种质量难以保证,势必会影响来年出苗。在北方地区,一般在春季栽种。

(2)栽种方法　有条栽、撒栽和穴栽 3 种,一般采用条栽。方法是在已整好的畦面上按25～30 厘米行距,开8～10 厘米深的条沟,接着把预先准备好的种根均匀撒入沟中,随即覆土、压实。土壤水分不足时,要适当栽得深一些。栽种深度应力求适当,若栽得过深,幼苗通过土层的距离大,养分消耗多,影响出苗和幼苗的正常生长;栽得过浅,种根易失水干枯,来年出苗差。

为了保证栽种质量,使来年春天早出苗(有的地区气候较温暖,当年就出苗),出全苗,栽种时必须做到随挖根、随开沟、随撒根、随覆土,并在已栽种完毕的畦面上压实,使种根与土壤密接,以防土壤架空而使种根失水干枯。如遇土壤特别干燥,在时间许可的情况下,宜先灌水使土壤湿润再进行栽种,或者在栽种后再灌水。

(3)栽种量　视种根质量而定。一般每亩地用毛根 150 公斤或精选白根75～100 公斤。土壤肥力高的地块用根量可少些,瘦地可多些;品种生长势旺、分枝能力强的用根量可少些;长势较弱、分枝能力较差的可多些;品种纯度低,用根量需适当增加,以备来年春天去杂除野后仍可保持田间的应有密度。

4. 田间管理

(1)定苗　薄荷田的定苗工作包括去杂除野、匀密补稀。就植株的形态特征来看,家、野薄荷以在幼苗期(苗高 15 厘米)

较易辨认,因此,可在这一期间拔除野、杂薄荷,如果苗稀不全,移补苗成活率高。薄荷苗的头刀密度一般为4万~5万株/亩,株距10厘米左右为宜。肥地可适当稀一些,瘦地可稍密一些。

(2)中耕除草 秧苗移栽成活后或根茎栽植苗高7~10厘米时,应进行第1次中耕除草,中耕宜浅,以免伤及地下根茎。植株封行前,进行第2次,也宜浅锄表土。第3次于第1次收割薄荷后,松土深度3~5厘米为宜,除净杂草,太密的可以锄死部分根茎。收割3次的,第2次收割后也应与第1次一样及时中耕,疏松土壤。

(3)追肥 薄荷是需肥量较多的作物,以氮肥为主,辅以磷、钾肥。薄荷头刀期长达250天左右。肥料的用量、种类因地区、时期、土壤肥力等不同而异。根据产区经验,一般宜采用两头轻、中间重,即苗期和后期轻施(施肥量少),分枝期重施(施肥量多)的办法。苗高10厘米左右时,结合中耕除草,用稀薄人畜粪每亩750公斤,加水施于株旁,以促进幼苗生长。立夏前后,薄荷生长速度加快,需肥量大。每亩可施用饼肥20~25公斤或人畜粪1 000公斤,以供应分枝增叶的养分需要。芒种前后(6月上、中旬),可根据植株长势再追施1次肥,每亩用硫酸铵10公斤或尿素5公斤,如果植株长势很旺,并不表现缺肥现象,就不必追肥。

头刀收割后,二刀出苗高10厘米左右时,追肥1次。之后,根据苗情可再追施速效性肥料1~2次,最后1次追肥应在收割前1个月左右施下,若延后施用,会使成熟期推迟,影响产量、质量。每年最后1次收割后,结合中耕,除施较浓的人畜粪外,再撒盖草木灰、厩肥、堆肥等作冬肥,促进翌年早出苗,生长健壮整齐。

(4)灌溉排水 薄荷的地下根茎和须根入土较浅,因此,耐旱性和抗涝性均较弱,在茎、叶生长期需要充足的水分,尤其是生长初期,根系尚未形成,需水更为迫切,如遇天旱,土壤干燥,应及时进行灌溉。灌水时切勿让水在地里停留时间太长,否则会影响根系的呼吸作用,导致烂根。封行后、开花前遇干旱缺水会引起植株脱叶,也应酌情及时灌水,灌水量视土壤干燥状况而定。每次收割后,土壤易被晒干,应结合施肥浇水保湿促进根茎萌发新苗,提高产量。

梅雨季节,田间积水,常导致病虫害发生,因此,雨后应及时疏沟,加强田间排水。

(5)打顶 薄荷产量的高低,取决于单位面积上植株的叶片数和叶片的含油量。在一定密度的情况下,适时摘除顶芽,可促使腋芽生长成为分枝,增加分枝和叶片数。产区的经验表明,在田间密度较小的情况下,摘掉主茎顶芽对提高单位面积的产油量有一定效果。摘掉顶芽以摘掉顶上2层幼叶为度,宜在小满前后(5月中旬)的晴天中午进行。植株茂密时,不宜打顶。

5. 间作套种

根茎繁殖的,如在初冬栽植,须到翌年2月才萌发。其他栽植法第1、2年最后1次收割后,也要到翌年2月才能出苗。因此,可充分利用这段时间套种一季能于2月前收获加工的蔬菜或绿肥作物,以增加收益或提高土壤肥力,套种期间应多施肥,中耕除草不宜太深,以免损伤薄荷地下根茎。

四、病虫害防治

1. 病害

(1)锈病 6~9月的多雨季节容易发生。在叶上发病,最初先在叶面形成圆形或纺锤形黄色肿块,其后肥大,内有锈色粉末状物散出。以后在表面又生有白色小斑,后呈圆形淡褐色粉末(夏孢子)。后期,在背面生有黑色粉状(冬孢子)病斑。严重时叶片枯黄脱落,最后全株枯死。

防治方法:①清除病残体,减少越冬菌源。②加强田间通风,减少株间湿度,发现病株及时拔除烧毁。③发病期,喷洒80%萎锈灵400倍液,或97%敌锈钠300倍液,或50%托布津800~1 000倍液,或1∶1∶200波尔多液,每隔7~10天1次,连续喷2~3次。④若收割前发病严重,可适当提前收割,减少损失。

(2)白星病 又称斑枯病,夏季发病。叶面生有暗绿色的病斑,后逐渐扩大,呈近圆形或不规则形,病斑中央较淡,灰色或淡黄色,周围呈苍白色,有时呈1~2轮纹。危害严重时,病斑周围的叶组织变黄,早期落叶。

防治方法:①实行轮作。②秋后收集残茎枯叶并烧毁,减少越冬菌源。③加强田间管理,雨后及时疏沟排水,降低田间湿度,减轻发病。④发病期可喷洒1∶1∶200波尔多液,或70%甲基托布津可湿性粉剂1 500~2 000倍液,或65%代森锌可湿性粉剂500倍液,每隔7~10天1次,连续喷2~3次。

(3)缩叶(病毒)病 发病植株细弱矮小,叶片小而脆,显著皱缩扭曲。严重时,病叶下垂、枯萎,逐渐脱落,甚至全株枯死。

防治方法:其发病原因与蚜虫为害有密切关系(蚜虫是传播媒介),因此,防治重点是及时、彻底防治蚜虫和拔除病株,防止蔓延。

(4)白粉病 发病后叶表面,甚至叶柄、茎秆上如覆白粉。受害植株生长受阻,严重时叶片变黄枯萎、脱落,以致全株干枯。

防治方法:①种植薄荷的田块应尽量远离瓜、果(如南瓜、黄瓜、梨树和葡萄等)地。因为在瓜、果类植物上这种病较普遍,可能会传播到薄荷上为害。②发病后,可喷洒0.1~0.3度石硫合剂(用生石灰5公斤,硫磺粉10公斤,水65公斤,先煮成原液或母液,应用时加水稀释成所要求的浓度)。

2. 虫害

(1) 薄荷根蚜　为近年发现的一种危害薄荷根部的害虫,造成植株褪绿变黄,很像缺肥或病害症状。

5~7月在头刀薄荷上就有发生,至9月中旬受害的二刀薄荷开始变黄。薄荷受害后地上部出现黄苗,严重时连成片,地表可见白色绵毛状物和根蚜,有虫株明显矮缩,顶部叶深黄,由上而下逐渐变淡黄到黄绿,叶脉绿色,最后黄叶干枯脱落,茎秆也同样由上而下褪绿变黄,叶片比健苗窄。受害后地下部薄荷须根及其周围土壤中密布绵毛状物,根蚜附着于须根上刺吸汁液,并分泌白色绵状物包裹须根,阻碍根对水分、养分的吸收。

防治方法:发生期间用2.5%敌杀死5 000倍液和40%氧化乐果2 000倍液防治。

(2) 黑纹金斑蛾　在江苏、浙江一带分布甚广,江西、广东等省亦有分布。初孵幼虫乳白色,不久变为青绿色,先停栖在叶背取食,啃成窗状痕,2龄以后可以蚕食全叶,3龄后食量大增,每昼夜可食薄荷叶3~5片。幼虫遇惊扰时,口吐绿色液并坠落植株下。

防治方法:在幼虫高峰期以前,用敌百虫500~1 000倍液喷雾,连续2次,2次之间相隔4~5天。

(3) 蚜虫　一般是在二刀期干旱季节发生。多为群集于薄荷叶片背面,吸取叶液,使叶片皱缩反卷、枯黄。

防治方法:在发生期间用40%乐果1 500~2 000倍液喷杀。

(4) 根部钻心虫　薄荷根部钻心虫是一种地下害虫,钻入地下根茎(种根),把根茎吃空,致使地上部叶片发黄、下垂,与蚜虫的为害征状相似,严重时对植株的正常生长、产量和种根质量影响很大。

防治方法:①当植株地上部表现出衰弱发黄时,用茶子饼浸出液(10～15公斤茶子饼加水100～150公斤浸泡1～2天)进行泼浇;也可把磨成粉的茶子饼每亩15公斤左右撒于畦面上后灌水,可有效地把这种虫子杀死。②在栽种前,用200倍液的苏化203(又叫治螟灵、硫特普)喷洒于摊成薄层的种根上,随即堆集起来,过12～24小时后再行栽种,可把躲在种根内部的虫子杀死,避免虫子继续为害和减少来年的虫口数。

此外,薄荷虫害还有小地老虎、花生蚀叶野螟、褐黄环角野螟、甘薯跳盲蝽、薄荷金叶甲、小绿叶蝉、星白雪灯蛾、点浑黄灯蛾、菊云卷蛾、薄荷黑小卷蛾等,按常规方法防治。

五、采收加工

1. 采收

薄荷在上海、江苏地区,一般每年收割2次,第1次收割(俗称头刀)在小暑后大暑前(7月中下旬),第2次(二刀)在霜降之前(10月中下旬)。

薄荷的采收时机,要根据薄荷成熟的特征、含油量及气候因素灵活掌握,适时采收。植株叶片变深绿色,基部叶片枯黄或脱落5～6片,上部叶片下垂,折叶易断,开花丰盛,每株由下至上开至3～5节时即可采收。采收时间,以晴天上午10时至下午4时为好,以12时至下午4时,含油量最高。1年收2次的地区,第1次在离地面2厘米处割取,第2次则在第1次的基础上再多留1～2个节,1年收1次的则齐地割取。

2. 加工

收获的鲜薄荷,立即摊在地面上晾晒,每2～3小时翻动1次,至7～8成干时,停晒回润,叠成圆锥形或长堆形,上压木板或石块,压2～3天,使其干燥一致;压扁压紧后,再翻晒1天,即全干,待回润后绑扎成大捆。

六、综合利用

薄荷为常用中药,同时也是卫生部确定的药食共用品之一。除供药用外,还广泛用于日用化工和食品工业。以薄荷为原料提取的薄荷油、薄荷脑,是医药、食品、化妆品、香料等重要原料,也是我国重要的出口物资,不仅国内用量大,而且外贸出口也逐年增加。提油后的残渣及水溶液中含有多种黄酮类成分,可进一步研究和开发利用。

第三章 花类药材

丁　香

　　丁香为桃金娘科植物丁香树的干燥花蕾,亦称公丁香。其成熟果实亦入药,药名母丁香,又名鸡舌香。烹调中取其干燥花蕾作调味品,可增香添味,去除异臭,增进食欲。烹调中应用广泛,常在酱、卤、炖、烧、煮等技法中使用。同时,也是许多复合香辛料的组成部分。丁香香气浓郁,稍具辛辣感,主要呈味成分为丁香的挥发油,含量15% ~ 20%,油中主要成分为丁香油酚、β-丁香烯、乙酰基丁香油酚,还含少量甲基戊基酮、醋酸苄酯、苯甲醛等。丁香入药,性温味辛,归脾、胃、肾经。具有温中降逆,温肾助阳的功效。常用于胃寒呕吐、呃逆、少食、腹泻以及肾阳不足所致的阳痿、脚弱等。

一、植物形态

　　丁香树为常绿乔木,高可达 12 米。单叶对生,革质,卵状长椭圆形至披针形,长5 ~ 12 厘米,宽2.5 ~ 5 厘米,先端尖,全缘,基部狭窄,侧脉多数,平行状,具多数小油点。花顶生,复聚伞花序,萼筒长1 ~ 1.5 厘米,先端四裂,齿状,肉质,有油腺;花瓣紫红色,短管状,具 4 裂片,花蕾作覆瓦状排列;雄蕊多数,成 4 束与萼片互生,花丝丝状,花蕾时向内弯曲。浆果椭圆形,长1 ~ 1.5(2.5)厘米,直径 0.5 ~ 0.8(1.2)厘米,红棕色,顶端有宿存萼片,香气强烈。果期6 ~ 7 月(图 3-1)。

二、生物学特性

1. 生长发育习性

幼龄树生长缓慢,喜荫不耐热,种后 3 年内需间作蔽荫树和精心管理。顶端生长优势强,成龄丁香树枝条萌发力强,创伤或折顶后仍能抽生大量新枝,在成龄树上不能截干矮化,否则引起大量萌发徒长枝。但幼龄树枝条萌发力弱,折枝断茎后易造成死亡,故幼龄期的丁香树不宜修剪,并注意勿损伤嫩枝。丁香地上枝叶茂密,树冠大,枝条质坚脆,易开裂。根群浅而纤细,支持力弱,遇强风易倒伏或撕裂,往往断茎折枝,造成植株死亡。

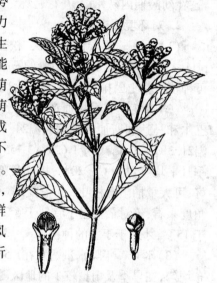

图 3-1　丁香

丁香在海南兴隆地区初引种时每年仅开花 1 次,花期多在 3 ~ 5 月。引种数年后每年有 2 次花期,即 12 月至翌年 2 月、4 ~ 6 月。第 1 次花期开花量少,若遇干旱低温,落蕾、落花严重;4 ~ 6 月开花量大,是收花的主要产季。丁香开花的适宜温度是月平均26℃ ~ 27℃,低于 22℃或高于 29℃对花朵开放均不利。丁香虽为自花授粉植物,但从人工授粉试验看来,以异花授粉和自然杂交结果率高。

授粉后经 70 ~ 108 天以上果实成熟。成熟的果实其种子虽然发芽快,但又易丧失发芽力。完全成熟的种子如果其果实尚未脱落,种子内的胚根已经萌动,逢高温多湿季节,则可看到长在树上的果实生出的实生苗。如果采摘后的果实存放不当失水变干即失去发芽力。种子播种育苗变异大,播后出苗不整齐,树苗大小不一,壮弱差异大,定植后壮苗生长快、开花早;弱苗生长慢,在幼龄期内易死亡,开花迟。

2. 对环境要求

(1)土壤　要求深厚肥沃、松软的壤土。喜微酸性土壤,pH4～5,土壤过酸要使用适量的石灰调节。一般黄壤及红壤均可种植。粘土因排水不良,易积水烂根。

(2)温度　丁香树原产热带,性喜高温高湿。原产地桑给巴尔和马达加斯加年平均气温24.1℃～26.7℃,最高月平均气温21.3℃～25℃,雨量1 629～3 755毫米。在我国南方生长,冬季月平均气温19℃～20℃,极端最低气温9℃～10℃时,生长较好,可大量抽出嫩枝叶。可忍受5℃～6℃的短时低温,但从生产角度来看,绝对最低温不宜低于6℃,最冷月份平均温度不宜低于15℃,才适于丁香的种植。

(3)水分　年降水量适宜在1 500～2 000毫米,要求降水分布均匀,在旱季及雨量较少的地区需行灌溉。在气温高、空气湿度大的条件下,枝叶虽茂,但病叶病果较多,开花也较少。

(4)光照　幼龄树喜荫,不耐烈日曝晒。成龄树则喜光,阳光充足有利于开花结果。

三、栽培技术

1. 选地整地

宜选择地下水位低,静风环境和肥沃疏松的土壤较适宜。如在红壤或黄壤地区种植,必须在植穴内掺入河沙,并施足有机质基肥;以后每季度穴施有机质肥料1次,以逐步改良土壤。

2. 繁殖方法

宜用种子繁殖,定植后5~6年开花结果。果实7~8月陆续成熟,成熟期随各地气候与品种而不同,果实成熟时有紫黑色及浅红色两种。鲜果肉质坚实,每公斤鲜果有600~700粒。过熟果实不宜播种,因胚根在果内已萌发。宜随采随播。不能及时播种可放入有潮气的细沙或椰衣纤维屑末内贮放,以免干死。一般以带肉的鲜果播种,播后7天果肉才开始腐烂,35~40天出苗。如轻轻剥脱果肉,除去薄的种皮,便现出肥大的子叶及胚根,在8~9月播种,3天后胚根入土已达1厘米,出苗率可高达90%以上。剥时注意从果柄一端剥起,既易剥又不伤害种胚。开沟点播,行距15厘米,株距10厘米,种子平放,胚根处朝下,盖土后与土面平或稍深些,播后约10天出苗,幼芽出土为红色锥尖状,生长至4~6厘米才出现2片红色的幼叶。

在播前搭好荫棚,高2米,上用椰叶、葵叶或茅草盖顶,保持50%的荫蔽度,使有弱光射入。刚出的幼苗,晴天每天用喷壶浇水1~2次,水力不宜过猛,以免种子露出,以后2天1次,幼苗高12~17厘米时,可7~10天1次,视天气及土壤湿度而灵活掌握,保证苗床湿润,表土不要板结,松土勿伤幼根。每隔1~2月施稀尿水、尿素1次。半年后高达7~12厘米,具4~6对真叶时,便可移植,行株距25厘米×20厘米,尽量带土,免伤细根,待苗高30~40厘米便可定植。

3. 定植

丁香的根群纤细,穿透力差,宜选深厚松软、排水良好的土壤栽植,心土硬结或有石砾层的土壤都不宜栽植。定植前按行株距6米×6米正方形或三角形挖穴,穴深宽各60厘米,每穴施厩肥10~15公斤,掺磷矿粉5~10克,与表土混匀覆下备植。选雨季阴雨天定植,定植的方法为将带苗的土团放于穴中,填土

121

压实。如土团松散断根,轻则导致幼苗落叶,重则受伤死亡。另外,幼苗定植时不宜修剪枝叶,以免影响生长和树型。

4. 间作套种

1～3年的幼龄树生长需保持50%的荫蔽度。丁香植距较宽,行间可种香蕉、玉米、大豆等既可遮荫,保持湿度,又可增加收益和肥源。

5. 田间管理

加强开花前幼龄树的管理是引种栽培丁香成功与否的关键。主要措施有:

(1)间作遮荫 可间作木薯、香蕉或多年生绿肥植物,为幼龄丁香遮荫。

(2)地面覆盖 在干湿季节明显的地区尤其重要,可间作绿肥覆盖,以减少土壤水分的蒸发。这样夏秋季可防止水土流失,冬季可保温保湿。

(3)灌溉排水 干旱季节要适时灌溉,雨季要及时排涝防止积水。

(4)追肥 春季2～3月注意施肥,每株施稀人粪水10～15公斤或尿素5～10克,开沟施下。秋季7～8月除施氮肥外,加施堆肥。10～12月施过磷酸钙及草木灰。

(5)防台风 有台风侵袭的地区要种防风林。其林格内面积为5～10亩较适宜。幼龄树在台风来临前要及时做好防风工作,可用绳子或竹子固定丁香植株。

(6)整枝修剪 随着幼树逐渐长大,应行修剪,以便于田间管理操作及让主干向上生长。将离地面56～70厘米以下的主干上的侧枝剪去,促使长高;对于分叉主干,可去弱留强,去斜留直。勿随便修折上部枝叶,以保持树冠丰满,增大采光面积。

另外,要适时采收花蕾,少留果实,这样既可提高公丁香的产量和质量,又能减少丁香树体养分的消耗,调节均衡生长,实现高产稳产。

四、病虫害防治

1. 病害

(1)褐斑病　高温高湿的季节易发病,危害枝、叶、果实。受害部褪绿呈水渍状,出现微红斑点,后扩大成红褐色至深褐色近圆形的斑点,中心变灰白色,严重时枯梢落叶。

防治方法:①发病前或发病初用1∶1∶100波尔多液或65%可湿性代森锌500倍液喷射。②清洁田园,消灭病残株。

(2)煤烟病　危害嫩茎和叶片。受害部位密布一层煤烟状物,影响光合作用,继而使植株萎蔫,多由蚜虫、介壳虫等的分泌物引起。

防治方法:①防虫治病,用40%乐果乳油防治蚜虫,用0.2~0.3波美度石硫合剂防治介壳虫。②加强管理,适当修剪,增加通风透光,调节林下小气候,增强树势可减少发病。

2. 虫害

主要有蚜虫、介壳虫、黑刺粉虱等,危害嫩枝、叶、花,引起丁香煤烟病。按常规方法防治。

五、采收加工

丁香定植后5~6年开花结果,20年前后为盛产期,寿命可达100~130年,采收期因各地气候不同而异,海南地区在7~8月。产量亦有大小年之别,一般现花芽后6个月含苞欲放的花蕾便可采收,剪下饱满、绿色微带红色的花蕾。晒4~6天至干脆易断即为公丁香。

经自然授粉,花瓣、花丝、花柱脱落,逐渐膨大成紫红色的幼果,采收晒干后即是母丁香。

六、综合利用

丁香是常用中药,也是我国传统进口"南药"之一。世界上主产丁香的地区为印尼、桑给巴尔、奔巴岛、马达加斯加岛。在马来西亚、菲律宾、印度南部等地也有栽培。我国于 20 世纪 50 年代曾先后由国外引种栽培,至今广东、海南、广西、云南等地已栽培成功。母丁香性温、功效与公丁香相似。

丁香除供中药处方调配外,很早就作为轻工业原料和食用调料。从丁香花蕾中加水蒸馏或用蒸汽蒸馏而制得的丁香油,可用作化妆品的添香剂;也可以用作防腐剂;还可以配制成脚气露,治疗脚气、癣疾和湿疹,制成的芳香脚气露对腋臭亦有作用;制成的清香洁齿露有清香去口臭作用。丁香叶、果实及枝茎均可蒸取丁香油。

此外,丁香叶味极苦,传统不供药用,但现代研究认为,以丁香叶代茶饮,有清凉、健脾与解毒作用,民间有用其嫩叶治疗眼病者。

玫 瑰 花

玫瑰花为蔷薇科植物玫瑰的花蕾或初开花,又名刺玫瑰花、玫瑰等,药食兼用。玫瑰花含有挥发性的玫瑰油,其香气浓郁,入菜肴可增香添味,增进食欲。其主要呈味成分为香茅醇、橙花醇、香叶醇、丁香酚、柠檬醛等。玫瑰花入药,性温味甘、微苦。归肝、脾经。具有理气解郁,和血调经的功效。用于胸膈满闷,脘胁胀痛,乳房作胀,月经不调,痢疾,带下,跌打损伤,痈肿等。主产于江苏、浙江、山东、安徽等省,现全国各地均有栽培。

一、植物形态

落叶小灌木,株高1~2米。**茎直立**,粗壮、**丛生**,多分枝,疏生皮刺并密生刺毛。奇数羽状复叶互生,小叶5~9枚,卵状椭圆形,边缘有锯齿,上面光亮,多皱,无毛,下面被短柔毛;背面略被白霜,网脉明显,有绒毛及腺点;托叶着生于叶柄上。叶柄有绒毛和刺毛;叶柄基部的刺常对生。花单生于枝端,稀数朵簇生,紫红色或白色,芳香,直径6~8厘米;果实扁球形,直径2~2.5厘米,红色,平滑,萼片宿存。花期5~6月,果期8~9月(图3-2)。

图 3-2 玫瑰

二、生物学特性

玫瑰是喜阳植物,对气候、土壤适应性强,耐寒,耐旱,怕水涝。要求肥沃、疏松、排水良好的沙质壤土或壤土。在新壤土上生长不良,开花不多。低洼积水地不宜种植。

三、栽培技术

1. 选地整地

育苗地宜选择疏松、肥沃的沙质土和有水源的地方。深翻后,施入土杂肥或火土灰每亩2 500公斤作基肥。然后整平耙细

125

作成宽1.3米的高畦,畦长以5～8米为好。再开畦沟宽40厘米,四周挖好排水沟。栽植地宜选地势高燥、阳光充足、土壤疏松肥沃、排水良好的地块。在冬季深翻土地,让其风化熟化。于栽前施足基肥,整平耙细,作宽1.3米的高畦种植。

2. 繁殖方法

以分株和扦插育苗繁殖为主,亦可压条繁殖。

(1)分株繁殖　在春、冬及雨季进行。因玫瑰萌蘖力极强,可于分株的头1年选择生长健壮、无病虫害的母株,加强管理,施足肥料,并有意伤根,以促进根部大量萌蘖,在冬季11～12月休眠期或翌年早春萌芽前进行分株。挖取母株旁生长健壮的根蘖苗,每丛需有2～3枚茎干,连根挖起,移栽到整好的栽植地上。栽时按行株距1.5米×1米挖成直径和深度均为27厘米的坑,施足基肥,与底土拌匀后,每坑栽入1丛。栽后覆细土并压紧,浇透定根水。并将地上茎枝留20～25厘米高,剪去上部。培育2年即可成丛开花。

(2)扦插育苗繁殖　于冬季采用地膜覆盖全封闭保湿扦插育苗。

①插条的选择与处理。选取当年生健壮、无病虫害、发育充实、完全木质化的硬枝,径粗0.5～0.7厘米。将其剪成长10～15厘米的插条,每根需具有3～4个节位。再将插条下端近节处削成马耳形斜面,每25根扎为1捆。然后,用500毫升/立方米吲哚丁酸(IBA)或500毫升/立方米萘乙酸(NAA)溶液快速浸蘸下端斜面5～10秒钟,取出稍晾干后进行扦插。

②扦插育苗。在整好的沙质土插床上,按行株距10厘米×5厘米,用小木棒或竹筷在畦面引孔,再将插条轻轻插入孔内,避免碰伤皮层。插入深度为插条长的1/2～2/3,插后压实,浇1次透水。

冬季扦插必须采用弓形塑料薄膜棚覆盖保温保湿。取长1.6~1.8米的竹片,两端削尖插入床的两侧,使其呈弓形。然后将塑料薄膜或地膜覆盖1层,四周用砖块压实。晚上棚顶盖草帘,白天揭去。每隔10天,在晴天的中午揭开塑膜进行浇水,保持床土湿润。约1个月左右即可生根萌芽。于4月中、下旬,可将整个弓形塑料薄膜棚拆除,进行常规的苗床管理。培育至6月,即可带土移栽。

嫩枝扦插可于梅雨季节进行。选取开花以后半成熟的嫩枝,除去梢部,取中、下部半木质化枝条,剪成15~20厘米长的插条,每段需有2~3个芽或节。下端同上法用生长素处理,斜插入床土中。待生根发芽后移栽。

(3)压条繁殖 于6~7月梅雨季节,选取当年生健壮枝条,弯曲压入土内,将枝条入土部分刻伤,施入肥土,使其生根。待生根发芽后,截离母体,带土另行栽植。

(4)嫁接繁殖 根据砧木应对接穗有较强亲和力的原则,选择适应玫瑰的砧木。一般认为白玉堂较好。北京地区的白玉堂在3月下旬露地扦插,8月上旬即可进行嫁接。接穗选用当年生枝条,随采随接,为了减少蒸发,采下后剪去叶片,一般采用"T"字形芽接法,又称盾形芽接。在砧木离地面10~15厘米处用芽接刀,割一"T"字形(视接穗芽的大小而定),用刀尖轻轻剥开,将接穗芽插入,使接芽上部韧皮部与砧木韧皮部切口吻合紧贴,用塑料条或麻皮扎紧,约14天左右,叶柄产生离层,轻触即可脱落,表示成活的象征。触而不落或叶柄干枯,接穗变黑老化,表示未接活。要及时清除砧木上的萌芽,以免消耗养分,影响接穗的萌发。

3. 定植

移栽扦插苗于6月上、中旬进行。栽时,选阴天带土团挖起幼苗,或根部蘸黄泥浆在整好的栽植地上,按行株距100厘米×80厘米挖穴,穴径和深度各40～50厘米。挖松底土层,施入适量的土杂肥作基肥,上盖5～10厘米细土。然后,将苗株栽入穴内,每穴栽1株,使根系向四周散开、平展。栽后覆盖细土,当覆土至半穴时,将苗株轻轻向上提一下,使根系舒展,再盖土至满穴,用脚踏实,盖土稍高出畦面,浇透定根水即可。

4. 田间管理

(1)中耕除草　弓形塑棚插条育苗,在春季发芽后,随着气温的升高,要加强塑料薄膜棚内的通风、除草等田间管理工作,切不可闷苗和捂苗。杂草要用手拔除,中耕要浅,耙松表土即可。做到勤除草,浅松土,保持田间无杂草。

(2)追肥　各类幼苗移栽时,边挖穴边施入基肥。移栽成活后追肥4次,第1次追肥于清明前后植株萌动时,浇施1次人畜粪水,以促苗株萌发生长健壮;第2次于4月中、下旬花苞露红至采花前夕,施入硫酸铵、尿素或人畜粪水,以促生殖生长,使花蕾多而饱满、充实;第3次在5月摘花后,再追施1次有机肥和磷肥。可用人畜粪水与过磷酸钙或饼肥、骨粉混合,堆沤腐熟后于株旁开沟或挖穴施入;第4次在冬季重施1次越冬肥,以农家肥为主,于株旁开沟施入,施后覆土盖肥并进行培土,以利植株安全越冬。

(3)修剪　于6月开花后和冬季休眠期,剪除衰老枝、病虫枝、纤弱枝和密生枝,以促使抽生新枝。玫瑰生长4～5年后,花产量逐年下降,趋于老化,此时应进行1次更新复壮修剪。于每年立秋前后,将每墩株丛保留少数生长健壮的枝条,其余的连根铲除,重新分株栽植到另一块地上。既可扩大栽培面积,又可逐年增加产花量。

四、病虫害防治

1. 病害

（1）白粉病　多在夏季高温多湿时发生。危害叶片和嫩茎，也可危害花果。叶片发病，初期为近圆形白色绒状霉斑，后不断扩大，连接成片，使整叶或嫩梢布满白色霉层，像撒了一层面粉似的。严重时造成嫩梢枯死。

防治方法：①冬季修剪后清除病枝残叶，集中烧毁，消灭越冬病原菌。②合理密植，改善通风透光条件，降低田间湿度，可减轻病害的发生。③抽新叶后，喷 1：1：100 波尔多液，每 7 天 1 次，连喷 2～3 次，早秋亦要喷数次。④发病初期喷 25% 粉锈宁 1 500 倍液或 50% 托布津 1 000 倍液，每 7～10 天 1 次，连喷 2～3 次。⑤增施磷、钾肥，增强植株抗病力。

（2）黄粉病　危害新芽、花蕾，使叶柄及花蕾基部膨大，新芽萎缩，花蕾僵化脱落。

防治方法：①及时剪除病枝，烧毁。②于冬耕后、早春萌芽前、花蕾形成期多次喷波美 3～4 度石硫合剂。

（3）锈病　通常在四季温暖多雨或多雾的地区、年份发生，夏孢子终年生存，发病较重。

防治方法：①早春发芽前喷波美 3～4 度石硫合剂。②生长季节根据病情用 25% 粉锈宁 1 000 倍液喷雾防治。

2. 虫害

（1）蔷薇白轮蚧　7～8 月上旬，以刚孵化的若虫爬到叶面主脉或主脉两侧、嫩梢、叶柄基部固定下来密集危害。

防治方法：①在 12 月落叶后至 2 月初萌动前喷 3～5 波美度石硫合剂。②在若虫孵化期喷 25% 亚胺硫磷乳剂 800～1 000 倍液，或 40% 氧化乐果 1 500 倍液及时灭杀。

（2）黄带兰天牛　幼虫蛀食茎和根，使枝干枯萎。2年发生1代以卵或蛹越冬。

防治方法：①抓住化蛹、羽化及爬出蛹室的时期及时防治。②进行根际培土、除草和更新修剪，增加抵抗力，并注意保护天敌喙蟓及蚂蚁。

（3）蔷薇三节叶蜂　以幼虫危害叶片，常蚕食殆尽，仅留主脉。

防治方法：冬季翻动植株周围的土，可消灭部分越冬虫源，8月上旬，叶蜂幼虫幼龄期可喷2.5%敌杀死2 000倍液或25%灭幼脲Ⅲ号100毫升/立方米防治。

其他虫害蚜虫、红蜘蛛、金龟子等，按常规方法防治。

五、采收加工

1. 采收

药用玫瑰花，在4月下旬至5月下旬，分期分批采收花蕾已充分膨大而未开放的花。南方每年可采摘3次，以"头水花"质量最佳。提取芳香油或做食品、酿酒、熏茶等用时，应在花朵初放、刚露出花心时采摘。过迟，花心变红，质量下降。1天中，以8：00～10：00含油量最高，应在此时采摘。一般亩产鲜花200公斤左右，折干率25%左右。

2. 加工

药用花采后晾干或用文火烘干。烘时将花薄摊，花冠向下，烘干后再翻转迅速烘至全干。以身干、色红鲜艳、朵均匀、香味浓郁、无散瓣和碎瓣者为佳。

六、综合利用

玫瑰鲜花既可直接用于酿制玫瑰酱，又可用于提取优质挥发油(玫瑰油)。玫瑰油是糕点、糖果、饮料、高级香槟酒、熏茶等的香料添加剂,也是制作高级香精的名贵原料。

玫瑰根和皮富含鞣质,可提取栲胶,根皮亦可制黄色染料。在城市庭园中还常作为观赏植物和绿化环境树种。

桂　花

桂花为木犀科植物木犀的花。桂花含芳香物质,香味优雅持久,香中带甜,是一种深受人们喜爱的花卉香调料。可用它配做菜肴,加工糕点,制酱酿酒,以及作为烹饪薯芋类甜食的重要佐料。其主要呈味成分为 α-紫罗兰酮、β-紫罗兰酮、芳樟醇、香叶醇等。桂花入药,性温味辛。具有化痰,散瘀的功效。用于痰饮喘咳,肠风血痢,牙痛,口臭等。现南方各省均有栽培和野生。主要分布于广西、湖南、贵州、浙江、湖北、安徽、江苏、福建、台湾等地。

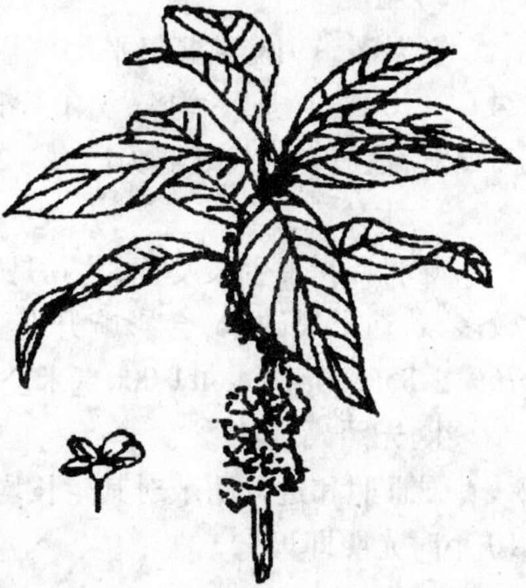

图 3-3　木犀

一、植物形态

为常绿灌木或小乔木,高可达 7 米,树皮灰白色。叶对生,革质,椭圆形或长椭圆状披针形,长 3～8 厘米,先端尖或渐尖,基部楔形,全缘或有锐尖锯齿,叶脉 6～8 对,向下面突出;叶柄短。花簇生于叶腋,雌雄异株,具细弱花梗;花萼 4 裂,裂片齿状;花冠 4 裂,分裂达于基部,裂片长椭圆形,白色或黄色,芳香;雄花具雄蕊 2,隐藏于花冠内;雌花有雌蕊 1,花柱圆柱形,柱头头状,子房 2 室。核果长椭圆形,含种子 1 枚。花期 9～10 月(图 3-3)。

桂花的品种有金桂、银桂、丹桂和四季桂 4 种。金桂花香气最浓,银桂花香气清淡,二者供食用或药用;丹桂花橙红色,是观赏品种;四季桂除酷暑严寒外,每月都能开花,是盆栽观赏品种。

二、生长发育环境

1. 土壤

以土层深厚、疏松肥沃、排水良好的中性或微酸性沙质土壤为宜。碱性土、重粘土、排水不良的洼地对其生长不利。

2. 温度

喜温暖,产区要求年平均气温 14℃～18℃,7 月平均气温 24℃～28℃,1 月平均气温 0℃ 以上。能耐短期最低气温 -13℃,最适宜生长气温为 15℃～28℃。

3. 水分

湿润有利于生长发育,尤其是幼龄期和成年树开花时需水较多,若遇干旱缺水,会影响开花。一般要求年平均相对湿度 76%～85%,年降水量 1 000 毫米左右。

4. 光照

强日照和过分荫蔽对其生长均不利,一般要求平均每天 7～10 小时光照即可。

三、栽培技术

1. 选地整地

选择肥沃、排水良好、中性或微酸性的沙质土壤,地处朝南、坡度小的山坳。施足堆肥、人粪尿等有机肥,施肥量每亩

132

1 500~1 800公斤,深耕细作,作畦,畦宽100厘米,高30厘米,将土耙平整细。开好排水沟。也可零星栽植于庭院田边。

2. 繁殖方法

采用种子繁殖、嫁接繁殖、扦插繁殖、压条繁殖。

(1)种子繁殖　种子成熟时采收,采下的种子进行堆放,搓去种皮,洗净,阴干,即可播种。播种时,要进行整地、作畦,然后以20厘米的行距进行条播,播后撒上细土,盖草,浇水,年内仅有少量种子发芽,大部分种子要到翌年春天才能发芽,故播种后覆盖物要保留,并注意浇水,保持土壤湿润,加强管理,待出苗后,要搭低荫棚遮荫保护小苗,以防烈日照射,影响成活率。

(2)嫁接繁殖

①砧木。一般都用女贞或木蜡作砧木,其适应性强,耐寒耐涝,易繁殖,但成活后接口部位容易折断。为了克服这一缺点,可采取低接法,定植后嫁接部位埋入土中,使其接穗本身生根。砧木可用种子或扦插繁殖。

②嫁接时间。掘接,11月至翌年3月,将砧木掘起进行嫁接;地接,3~4月,砧木不掘起进行嫁接。

③嫁接方法。一般都采用腹接法进行地接,方法是将地上部高出地面6~7厘米处全部剪去,在靠近根茎附近斜切1刀,勿伤髓部;接穗用2~3年生枝条(不带叶),长约10厘米,并具2~3节为宜;然后将接穗接口削成不等边楔形,插入砧木削口内密切接合,用塑料条或麻皮扎缚后壅土到接穗顶部为止。

④管理。接木新梢长达10~15厘米时,将残留的砧木枝蘖全部剪去;因砧木极易萌发不定芽,应随时剥除;6~8月间注意抗旱,及时浇水,并注意中耕除草,合理修枝。

(3)扦插繁殖　此法既能保持品种特性,又能提早开花,繁殖系数大,速度快,省工省料。

①插床准备。桂花一般采用露地扦插。供插床用的土地，应进行冬季耕翻，促使土壤风化。翌年深耕细耙，扦插前 2 ~ 3 天作畦，畦宽 100 厘米，高度 20 ~ 25 厘米，作畦后盖塑料布备用。桂花插条忌高温、日灼、干燥的环境，需要空气湿度高、阴凉的环境，必须搭棚遮荫，否则不能成活。

②插条选择。选择当年生强壮、向阳的半木质化枝条，于节下 0.2 ~ 0.3 厘米处剪下，插条长 10 ~ 12 厘米，顶端留 2 片叶，病弱枝、徒长枝、嫩枝均不能使用。

③扦插。从 6 月中旬至 8 月下旬均可进行。将剪好插条慢慢插入准备好的插床土中，行株距为 10 厘米×3 厘米，插条入土 2/3 左右，然后用手指压实，并及时浇水。

④插后管理。要使插条能生根发芽，必须创造适宜插条生根发芽的环境条件。管理原则是高温时多喷水，雨天或阴天时少喷水；白天盖帘，晚上去帘，一般使温度保持在 22℃ ~ 28℃，相对湿度 87% ~ 93%，1 个多月后长出愈伤组织，并开始萌发根芽，2 个多月后可早晚略受微光，相对湿度可维持 84% ~ 89%，以促使幼苗发育。冬天要用塑料布进行保温，成活率可达 85% ~ 90%。翌年春季开始适当施肥，以氮肥为主（肥料 1 份，加水 9 份）。经 1 年培育植株高度可达 30 ~ 40 厘米。

（4）压条繁殖　一年四季都可以进行，以春季发芽前较好，分高压和地压 2 种。

①高压。清明前后，在强健的母株上选择不影响树冠的 2 ~ 3 年生枝条，进行环状剥皮，长 2 ~ 3 厘米，用塑料纸包裹，内放沙质壤土，经常保持湿润，此处生根而成新植株。该法成活率高，成苗快，但费工费时，繁殖数量有限。

②地压。在清明前后或梅雨期（6 ~ 7 月），选择母株上 1 ~ 2 年生优良枝条，攀压埋入土中，将入土部的枝条除去叶片，用刀

刻伤或进行环状剥皮,梢端留在土外,经常保持土壤湿润,到秋季或翌年春季与母株分离,成为新植株。

3. 定植

桂花的生长较慢,为了便于管理和提高土地的利用率,定植可采用先密后稀的办法(即每隔2年扩大1倍种植面积)种植。扦插苗待高度达35厘米以上,即移植到整理好的田地。行株距为25厘米×25厘米,每亩种3 500~4 000株。经2年培育,高达0.7~1米,树冠达30厘米,此时进行抽株移植,行株距以50厘米×50厘米为宜,每亩种植1 800~2 000株。再培育2年,高度达1.5~2米,再抽株移植,行株距按实际情况而定。最后定植以4.5米×4.5米行株距为宜。扦插繁殖经8~10年后,可收获一定数量的花。种子实生苗要经15年以上才能开花。

4. 田间管理

田间管理对桂花的生长发育和产花量有较大影响。定植后10年内管理精细,成树后管理较为粗放。

(1)中耕除草　幼龄期植株每年中耕除草4~5次,切忌伤苗。成年树只要在夏天除草1次,冬季结合除草冬翻1次,疏松土壤,消灭害虫。

(2)灌溉　幼龄期要经常浇水,保持土壤湿润,以利生长。成年树,除特别干旱,需及时浇水外,一般不需浇水。

(3)追肥　幼龄期每年施肥4~5次,每亩施1 500~2 000公斤有机肥。成年树可施3次,4月施肥促使春梢发育;8月施肥促枝叶生长,增加秋花数量;12月施冬肥,使冬季根部得到充分发育,为翌年生长打下基础。施肥量每株50公斤人粪尿或5公斤豆饼肥。

(4)剪枝　桂花不定芽萌发性强,一般在5月,从基部和中下部长出很多分蘖枝,消耗部分养分,故必须及时除去分蘖枝和部分病枝、枯枝,使植株正常生长。

5. 病虫害防治

(1)桂花叶蜂 主要危害叶片。

防治方法:用80%敌敌畏1 500倍液或敌百虫1 000～1 200倍液喷射叶面。

(2)大蓑蛾 主要危害叶片。

防治方法:在叶面喷射敌百虫1 000倍液数次。

此外还有桂花尺蠖、炭疽病等,喷射敌敌畏和冬翻可以减轻为害。

五、采收加工

1. 采收

桂花盛开时,于早晨露水未干时,树底下铺一层塑料布或布,摇动树干和枝条,收集桂花,除去叶和枯枝。

2. 加工

将收集的桂花阴干,拣去杂质,密封贮藏,防止香气散失及受潮发霉。

六、综合利用

桂花树(木犀)除花药用外,其根皮(桂树根)、果实(桂花子)亦供药用。桂花为药食兼用品,食用多用于制糖、制糕点,亦能熏茶等。用其浸提得到的桂花浸膏还可用于化妆品、香皂、香精。桂花子尚可榨油,出油率达11.90%,可供食用。

桂花树树形美观,花香宜人,是收益期较长的经济树种,亦是园林、工厂绿化的优良树木。可根据本地实际情况种植。

菊 花

菊花为菊科植物菊的头状花序,按产地和加工方法不同,分为"亳菊"、"滁菊"、"贡菊"、"杭菊"、"怀菊"、"川菊"、"资菊"等。菊花含芳香物质,清香怡人,是深受人们喜爱的花卉香调料,入菜肴,可增香添味,增进食欲。还可用它加工糕点,制作饮料,酿酒等。其主要呈味成分为桉油醚、β-丁香烯、龙脑、乙酸龙脑酯、菊烯酮、α-荜澄茄油烯等。菊花入药,性微寒味辛、甘、苦。归肺、肝经。具有疏散风热,清利头目,平抑肝阳,解毒消肿的功能。用于外感风热或风温初起,发热头痛,眩晕,目赤肿痛,疔疮肿毒等。菊花在安

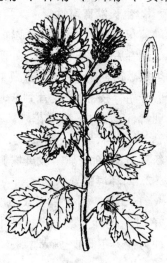

图3-4 菊

徽、浙江、河南、河北、湖南、湖北、四川、山东、陕西、广东、天津、山西、江苏、福建、江西、贵州等省(市)均有分布。以安徽、浙江、河南栽培最多。

一、植物形态

多年生草本,高60～150厘米。茎直立,分枝或不分枝,被柔毛。叶互生,有短柄;叶片卵形至披针形,长5～15厘米,羽状浅裂或半裂,基部楔形,下面被白色短柔毛。头状花序直径

137

2.5~20厘米,大小不一,单个或数个集生于茎枝顶端;总苞片多层,外层绿色,条形,边缘膜质,外面被柔毛;舌状花白色、红色、紫色或黄色。瘦果不发育(图3-4)。

二、生物学特性

1. 生长发育习性

菊花在冬天枝秆枯萎,以宿根越冬,根状茎仍在地下不断发育。开春后,在根际的茎节处萌发,随着茎节伸长,基部密生很多须根。苗期生长缓慢,苗高10厘米以后,生长加快,高50厘米后开始分枝,植株发育到9月中旬,不再增高和分枝,9月下旬现蕾,10月中下旬开花,11月上中旬进入盛花期,花期30~40天,入冬后,地上茎叶枯死,在土中抽生地下茎。次年春又萌发新芽,长成新株。一般母株能活3~4年。

2. 对环境的要求

(1)土壤 对土壤要求不严,旱地和稻田均可栽培,在排水良好、肥沃的沙质壤土上植株生长旺盛。酸碱度以中性或稍偏酸性为佳。在低洼盐碱地则不宜栽培。忌连作,种植过的土壤不能连用。

(2)水分 耐旱怕涝。随着生长发育期不同对水分要求各异。苗期至孕蕾前,是植株发育最旺盛期,适宜较湿润条件,若遇干旱,发育慢,分枝少。花期则以干旱条件为好,如雨水过多,花序易腐烂,造成减产。

(3)温度 喜温暖、耐寒,在0℃~10℃能生长,并能忍受霜冻。最适宜生长温度为20℃左右,但幼苗期、分枝至孕蕾期要求较高气温条件,低温时植株生长不良,地下宿根能忍受-17℃低温,但在-23℃时会受冻害。

(4)光照 菊花是短日照植物,在日照12小时以下及夜间温度10℃左右时,花芽才能分化。人工遮荫减少日照时数后,可提早开花,若长期遮荫可以延长开花,但过分荫蔽,则分枝及花朵减少。

三、栽培技术

1. 选地与整地

（1）育苗地　选择地势平坦,近水源,土质疏松肥沃的沙质壤土,翻地深20～25厘米,每亩施腐熟厩肥2 000公斤,然后进行1次浅耙,起畦宽120～130厘米的高畦,畦面耙细整平,四周开好排水沟,以待育苗。

（2）种植地　选择地势较高燥,阳光充足,土质疏松,土层深厚,排水良好的沙质壤土。在种植前深翻土壤25厘米左右,结合整地每亩施入堆肥或腐熟厩肥2 000～2 500公斤,翻入土中作基肥。然后整细耙平,起畦宽120～130厘米的高畦,四周开好排水沟。

2. 繁殖方法

菊花的繁殖有无性繁殖和有性繁殖2种。无性繁殖包括扦插、分株、嫁接、压条等方法。有性繁殖即种子繁殖,一般用于杂交育种。药用菊花的栽培常采用分株、扦插繁殖2种方法,其他方法使用较少。

（1）分株繁殖　在菊花收获后,选择健壮、发育良好、开花多、无病虫害的植株,将根蔸挖起,重新栽在一块肥沃的地块上,上覆盖腐熟厩肥或草皮灰保暖越冬。第2年3～4月,扒开土粪,浇1次稀薄人畜粪水,促进萌发生长。4～5月苗高15～20厘米时挖走全株和根部,顺着苗株分成带根的单株,选取茎粗壮、须根发达的作种苗,种于大田。

（2）扦插繁殖　4～5月或6～8月,在对菊花进行打顶时,选择充实粗壮、无病虫害的新枝作插条,取其中段,剪成10～15厘米长的小段,下端剪口削成斜口,湿润后,快速蘸一下0.15%～0.3%的吲哚乙酸,随即插入已整好的苗床上,按行距20～25厘米,每隔6～7厘米插入插条1根,插时可用小木条或竹筷在畦面上先打小孔,再将插条的一半插入孔内,压实浇水,盖松土与畦面齐平。插后加强管理,经常保持畦土湿润,注意除草松土,经过20天左右可以生根长芽,这时施1次稀薄人畜粪水,以后每月施1次人畜粪水,苗高20厘米左右便可移栽。

（3）种子繁殖　种子繁殖首先要获得种子。一般在菊花开花后,待其成熟,花头干燥后采下。在选取花头时,要选择花大、中间胎座隆起的花头。用手轻轻搓揉,除去杂质和外皮,即得黑褐色种子。一般要求选取饱满优良种子作繁殖用。

播种用土以沙质肥沃疏松的培养土为宜,一般用腐殖土2/3,河沙1/3,或用腐叶土1/2,园土1/4,河沙1/4混合而成。种子掺沙(种子小掺沙易撒播均匀)一起播入,稍微覆盖。播种时间以3月中旬至4月上旬为宜,不宜过迟,争取早播,使幼苗安全越夏。播于地畦中,播后喷水,再用塑料薄膜覆盖或用薄薄一层稻草覆盖,以防晒,防雨,保温保湿,薄膜覆盖一般在夜间打开,以通空气。

菊花种子发芽适宜温度为12℃左右,一般播后10天就可发芽。出芽后,除去覆盖物,使幼苗接收日光。每2～3天浇水1次。浇水切勿过多,因过湿易生腐烂病。当幼苗长出4～5片真叶时,可移植1次。在5月底至6月初,定植于畦上。定植后的管理工作与扦插苗相同。在定植时千万不要将弱苗、迟出苗丢弃,因为它们往往会出现优良品种,但对一些退化变劣的植株,坚决淘汰。因此,须对幼苗进行认真细致的观察和选择,选择出的菊花优良变异品种,经过2～3年就可以固定下来,固定之后再行繁殖。

3. 定植

分株苗在4～5月,扦插苗在5～6月移栽,选阴天或雨后或晴天傍晚进行。整好的畦面上,按行株距40厘米开穴,穴深6厘米左右。然后带土挖苗,分株苗每穴栽1～2苗,扦插苗每穴栽1苗。然后覆土压紧,浇足定根水。种时可将顶芽摘除,可减少养分消耗,促进分株,且生长快,成活率高。

4. 田间管理

(1)中耕除草 菊花在整个生长期中,要进行中耕除草4～5次。第1次在5月上旬,第2次在6月上旬,第3次在8月上旬,第4次在9月上旬,第5次在9月下旬。前2次中耕宜浅,后3次中耕宜深不宜浅,在后2次中耕除草时,要结合进行培土,防止植株倒伏。

(2)追肥 菊花是喜肥植物,除施足基肥外,还应根据不同生长期进行3次追肥,第1次是栽培成活后开始生长时每亩施人畜粪水1 000公斤,或尿素10公斤对水浇施;第2次在植株开始分株时,每亩施人畜粪水1 500公斤或饼肥50公斤对水浇施,以促进多分枝;第3次在孕蕾时,每亩施人畜粪水2 000公斤,加硫酸钾5公斤,或尿素10公斤、硫酸钾5公斤,加过磷酸钙25公斤浇施,以促进结花蕾。另外,在花蕾期,可用0.2%磷酸二氢钾加喷施宝作根外追肥,促进开花整齐,提高产量。

(3)打顶 为了促进菊花植株多分株、多结蕾开花和主秆生长粗壮,在苗高15～30厘米时,进行第1次打顶,选择晴天将顶芽1～2厘米摘去,以后每15天进行1次。共进行3次,次数不能进行太多,否则分枝过多,营养不良,花开得细小,影响产量和质量。

(4)搭架 菊花植株茎秆高且分枝多,常容易倒伏,并影响植株内的通风透光,应在植株旁搭起支架,把植株系于支架上,菊花不随风倒,且通风透光,使花开得多而大,可提高产量和质量。

四、病虫害防治

1. 病害

(1)菊花褐斑病　又称叶枯病、斑枯病。国内各药菊种植区均有发生,且危害较重,常造成叶片枯死达40%～70%,单株花朵减少30%～50%,发病重的年份,花朵减少70%,甚至造成毁灭性危害。褐斑病危害叶片,发病初期为圆形淡黄色小点,以后扩展成褐色圆形病斑,或受叶脉限制形成不规则褐色枯斑,病斑直径4～10毫米,周围常有褪绿晕圈。发病后期,病斑上产生黑色小点——分生孢子器。发病严重,可见病斑较大,在10毫米以上,有的在叶缘上形成"V"形枯斑,外围有褪绿晕圈,或沿叶缘发病,叶缘先枯死,病斑多时,常连接成片,导致叶片枯死。枯死叶片不脱落,悬挂于茎上。

防治方法:①实行2年以上轮作。②菊花收后,割下植株残体,集中烧毁。③增施有机肥,配合磷、钾肥,使植株生长旺盛,增强抗病力。④结合菊花剪苗、摘顶心,随手把下部病叶摘除,带出田外处理,减少早期再侵染病源。⑤用50%多菌灵可湿性粉剂800倍液,或70%甲基托布津1 000倍液防治。施药时间,黄河以北地区,7月中旬喷第1次药,长江以南9月上旬喷第1次药。10天左右喷1次,共喷3～4次,防治效果可达90%左右。

(2)菊花霜霉病　又称白毛病,1年2次流行:春季危害菊苗,重者枯死,缺苗,轻者成为弱苗;秋季发病多在现蕾期,致使叶片、花梗、花蕾枯死而绝产。在田间主要危害贡菊品种。叶片发病,产生不规则褪绿斑,叶缘微向上卷,叶背布满白色菌丝,病

142

叶自下而上逐渐变褐干枯,枯死叶片垂挂于茎上。重病苗枯死。秋季发病,叶片、花梗、花蕾布满白色菌丝,导致全株枯死。

防治方法:①在易发病地块,选用种植抗病品种如资菊。②3月上旬,留种苗圃发病,可喷洒40%乙磷铝可湿性粉剂250~300倍液防治。③菊花移栽时,可用25%甲霜灵可湿性粉剂600~800倍液浸苗预防。④栽入大田以后,春季发病可喷40%乙磷铝可湿性粉剂250~300倍液或25%甲霜灵可湿性粉剂600~800倍液1~2次。⑤秋季发病,喷洒25%甲霜灵和50%多菌灵800倍液混合使用,兼防褐斑病。

(3)菊花病毒病　菊花病毒病多表现出花叶症状,又称花叶病。全国各药用菊花产区均有发生,且危害较重。菊花的病毒种类多,加之复合侵染,因此,症状很复杂。常见症状有以下几种类型:病株心叶黄化,有的叶脉保持绿色,叶片自下而上逐渐枯死;幼苗叶片畸形,心叶有灰绿色微隆起的线状条纹,生长中、后期症状不明显;叶片上产生黄色不规则斑块;叶片暗绿色,叶小而厚,叶缘和叶背呈现紫红色。病毒病严重的植株,亦易感染褐斑病和霜霉病,导致叶片自下而上枯死。

防治方法:①选用脱毒菊苗栽种。②菊花收获前,在田间选择生长健壮、开花多而大的植株留种。③因地制宜推广套种,利用其他作物的屏障,减轻蚜虫危害。④生长季节及时防治蚜虫,减少传毒。⑤在栽苗时,用锌、铜、钼、硼等微量元素配成复合肥蘸根,现蕾前叶片喷施钾、硼等肥料,可增加抗病力。

(4)菊花枯萎病　该病在夏季气温高,雨水多时发病较严重。感病植株最初表现生长缓慢,下部叶片失绿发黄,并失去光泽,稍显不平,病害逐渐向植株上部扩展,最后全株叶片萎蔫下垂,变褐,枯死。有时植株一侧感病,叶片萎蔫症状则仅出现于这一侧,而另一侧叶片仍然正常。病株茎基部微肿变褐,表皮粗糙,间有裂缝,潮湿时缝中可见白色霉状物。根部被侵染后,也变黑、腐烂,若将病茎横切或纵切,均可见维管束变褐色至黑褐色。

防治方法:①选择无病田里的老根留种。②不重茬,不与易发生枯萎病的作物轮作。③选择排水良好,不近水稻田的地块扦插和种植;作高畦,开深沟,降低田间湿度。④发现重病株应立即拔除。⑤发病时可用50%多菌灵可湿性粉剂200~400倍液喷洒植株。

(5)菊花立枯病 该病主要发生在扦插的幼苗和育苗期幼龄植株上。感病幼苗和幼株最初表现生长势衰弱,进而叶片出现轻度失水,萎蔫下垂,病害逐渐发展加重,菊苗最后枯死。拔除病苗检查,可看到在近地面的茎基部呈水渍状腐烂、变细。根部变黑,枯死。茎部组织木质化前,病苗会倒伏,木质化后则呈现立枯型。

防治方法:①用50%福美双可湿性粉剂,或50%克菌丹可湿性粉剂,按每亩苗床用药500克与适当细干土拌和成药土,再施入土壤,进行土壤消毒。②用木素木霉菌按土重的0.2%用量拌入土壤后再进行扦插。

(6)菊花锈病 露地栽培的菊花在秋末、多雨的天气发病严重。锈病主要发生在叶片上,偶尔危害茎。初期感病叶片表面出现淡黄色斑点,相应叶背处也产生小的变色斑,随后产生隆起的疱状物,不久,疱状物破裂,散出大量褐色粉状物。感病严重的植株生长极为衰弱,不能正常开花,且大量落花,叶片布满病斑,并向上卷曲。

防治方法:①及时清除病叶、病株残体,集中销毁,以减少侵染来源。②切忌连作。③发病期间,早期喷洒15%粉锈宁可湿性粉剂1 000倍液,或25%粉锈宁可湿性粉剂1 500倍液。

(7)菊花斑点病 主要危害叶片。病害一般于8月开始发生,逐渐发展,至秋末趋于缓和。通常老叶比嫩叶受害严重。发病初期,叶面出现针头状褪绿或浅褐色小点,不久逐渐扩展为圆形、椭圆形或不规则形的褐色至深褐色病斑。后期病斑边缘呈紫褐色,中央为灰白色或浅黄色,并有不明显的轮纹,病部着生褐色小点。

防治方法:与菊花褐斑病的防治方法相似。

(8)菊花叶枯线虫病 是一种世界性病害,分布广,危害严重。在上海、江苏、安徽、广东、湖南、云南、浙江等地区均有发生。主要危害菊花的叶片,也能侵染幼芽和花。被侵染的叶片,最初出现浅黄褐色斑点,随后病斑扩展,因常受大叶脉的限制而呈现特有的三角形或其他形状的坏死斑,最后叶片卷缩、凋萎、下垂,很快叶片变成褐色,枯死,质地变脆,并大量落叶。幼芽受害后,引起芽枯和死苗。花芽受侵染不能成蕾而干枯,或花发育不正常而呈畸形。病株外形萎缩。

防治方法:①应从健康无病的植株上采条作繁殖材料。②及时清除病叶、病花及病芽,集中销毁。

2. 虫害

(1)菊天牛 又名菊虎,在国内主要分布于河南、安徽、江西、浙江、四川等省。成虫和幼虫皆能危害。成虫产卵时,将寄主茎梢咬成小孔,然后产卵,使茎梢失水萎蔫。幼虫钻蛀危害,使被害枝不能开花,甚至整株死亡。

防治方法:①菊天牛成虫盛发期喷 5% 西维因粉剂,用量每平方公里 30～37.5 公斤。②成虫产卵期在被害枝产卵孔下 3～5 厘米处剪断销毁,平时要注意剪除有虫枝条,减少虫量。③菊天牛卵孵化盛期喷 40% 乐果乳剂 1 000 倍液;或杀螟乳剂 1000 倍液,防治初孵幼虫。④在成虫活动期,每天于露水未干时在菊花园中寻捕成虫。⑤避免长期连作或与菊科植物间作套种。

（2）菊花蚜虫　菊花蚜虫主要有两种,一种是棉蚜,另一种是菊蚜(菊小长管蚜)。两种蚜虫皆为世界性分布种,在国内分布也很广。棉蚜分布于全国各地;菊蚜主要分布于北京、辽宁、河北、河南、山东、安徽、江苏、浙江、福建、台湾、广东、四川等省市。菊花蚜虫喜密集于菊花嫩叶、嫩头、花蕾和小花上为害,吸收汁液,使叶片失绿发黄,卷曲皱缩。

防治方法:①追施农药,每亩用70%灭蚜松100～150克,或40%氧化乐果乳油100～200毫升,或3%久效磷颗粒剂2公斤拌10～15公斤湿润细土或腐熟的有机肥料,在栽培时施在幼苗根部。②蚜虫发生时,用10%杀灭菊酯3 000倍液,或50%DDVP乳油1 000倍液,或50%灭蚜松乳油1 000倍液喷雾。③药剂涂茎,用40%氧化乐果5～10倍液,涂于菊花茎秆基部,防蚜效果很好。④生物防治,人工释放瓢虫、草蛉治蚜。

（3）斜纹夜蛾　又名夜盗蛾、夜盗虫等,遍及全国许多省市。每年以6～9月危害严重。幼虫一般6龄,少数8龄。初孵幼虫群集于卵块附近取食叶肉,留下叶脉和上表皮。稍遇惊动,就四处爬散或吐丝飘散。大龄幼虫进入暴食期,常将叶片蚕食光并危害花与花蕾。幼虫有假死性。老熟后即入土造蛹室,在其中化蛹。

防治方法:①幼虫危害期,喷施50%辛硫磷乳剂1 500倍液防治。②用萤光灯或用糖醋液(糖:醋:水＝3:1:6)加少量敌百虫胃毒剂,诱杀成虫。

（4）银纹夜蛾　又称菜步曲,分布于全国各地。幼虫7～11月为害菊花,叶子被咬食成孔洞或缺刻。防治方法:与斜纹夜蛾防治方法相同。

（5）红腹白灯蛾　又名人纹污灯蛾。分布在我国许多省市,尤以连云港、成都、天津等城市发生严重。成虫夜晚活动,卵多产在叶片背面,卵呈块状或排成行,每处有卵数十粒。成虫有趋光性,幼虫有假死性。初孵幼虫有群居危害习性,取食叶肉,以后分散危害,蚕食叶片。

防治方法:①成虫羽化期,以萤光灯诱蛾扑杀。②危害较重时,可喷施50%辛硫磷乳剂1 500倍液。

(6)大青叶蝉 又名大青叶跳蝉。分布很广,国内各省(区)皆有分布,成虫、若虫主要危害叶片。

防治方法:①利用黑光灯诱杀成虫。②清除药材园内及周围杂草,减少越冬虫源基数。③药剂防治,可用20%杀灭菊酯3 000倍液,50%杀螟松1 000～1 500倍液,50%敌敌畏1 000倍液或40%乐果乳油1 000倍液进行叶面喷雾。

(7)小绿叶蝉 又名小绿叶跳蝉,小绿浮尘子。在国内除西藏、新疆、青海、宁夏外,其他各省(区)均有分布。其食性杂,寄主多,成虫、若虫主要危害叶片。

防治方法:同大青叶蝉。

五、采收加工

1. 采收

菊花一般是在9月下旬至12月上旬采收,待管状花散开2/3时采收适时,采收选择晴天早晨露水干后进行。各种花的采收时间为:亳菊在11月中下旬分2次采收,在枝条分叉处将花枝折断,交错扎成小把,以利干燥;滁菊在10月下旬至11月中旬,根据开花的先后逐朵采摘,一般分3次采完;贡菊11月分数次采摘,并摊开铺放;杭菊10月底至11月分3次采摘,传统分头水花、二水花、三水花,其中头水花占总产量50%,在头水花采摘后6～7天采摘的花为二水花,约占总产量的30%,摘三水花时大小全部摘光;怀菊10月下旬至11月上旬采摘。

2. 加工

（1）亳菊　将采收时扎成小把的菊花，倒挂在通风干燥处晾干，不能曝晒，否则香气差，晾至八成干，将花摘下，用硫磺熏白，熏后摊开晒1天，然后装入用牛皮纸衬的木箱，1层菊花1层纸，压实贮藏。具体操作如下：

阴干：亳菊花经风吹干，香气浓，药效好，故采回后，应阴干，不宜曝晒。一般是将亳菊花枝一把把倒挂在屋檐下、廊下或通风的空屋内阴干。亳菊花最好在晴天采收。但是，有的年份采收期常遇连续阴雨天，不得不将带雨水的花枝抢收回来。由于花枝带雨水即行吊挂，容易发生烂花。因此，这种花枝应挂在外面晒干或吹干水滴后，再按上述方法阴干。一般吊挂阴干20天左右，至花有八成干时，即可将花摘下，入熏房用硫磺熏白。

熏白：熏花要用篓子装花。装花要装得松、装得浅，不要压实，装入数量不要超过篓子容量的3/4，以利于硫磺气体穿透。用容积5米（长）×4.5米（宽）×3米（高）的熏房熏花，1次可以叠放550只水果篓。熏房内，篓子要用木棒、竹竿离地架起15厘米左右，而且不要叠放到房顶，要留有空间，以利硫磺气体流转。熏花时，熏房要密封，不可漏气。硫磺宜放在小铁锅内点燃。要有专人管理，使硫磺连续燃烧。由于熏房内氧气越来越少，火容易熄灭，因此，每隔一定时间，要将火锅移到室外透透气，并用铁棒将火挑旺，然后将火锅放回熏房的硫磺燃烧室。硫磺气体对人体有刺激性，在亳菊花及火锅进出熏房时，宜戴着防毒面具操作。熏花时间的长短，与熏房的大小、熏花的多少、熏前花色的深浅程度、燃烧硫磺的多少以及是否连续点燃等因素有关。一般每熏1次，需连续24~36小时。平均每公斤硫磺可熏得干花20~30公斤。

晒花：亳菊花熏白后，一般再在室外薄薄地摊开，晒1天就可干燥。如灰屑、碎瓣过多,须用筛子筛除。

(2)滁菊　花采后,阴干,用硫磺熏白,晒至六成干时用竹筛将花头筛成圆球状,再晒至全干即成。方法如下:

摊晾:鲜花采回后,一般先要薄薄地摊晾半天,使花略收水分。尤其带有露水或雨水的花,一定要摊晾到水滴收干后,再行加工,以防止花腐烂。

熏花:将花松松地装入篓子,每篓装半篓,中间插一稻草束,以利气体穿透。然后入熏房用硫磺熏。在硫磺连续点燃的情况下,一般熏6小时,再闷1～2小时,即可将花取出。不要在房内闷得过久,以防烂花。

晒花:熏好的花摊在芦帘或竹簟上晒干。晒时花要摊得薄。最好一朵朵分开,不重叠,并应每天翻动1～2次,以便于晒干。一般晒5～6天就可干燥。

(3)贡菊　将采回的菊花,置烘房内烘焙干燥。以木炭或无烟煤在无烟的状态下进行,烘房内温度控制在45℃～50℃之间,烘时将花薄摊在竹帘上,当第1轮烘至九成干时,再转入第2轮,温度为30℃～40℃,当花色烘至象牙白色时,即可从烘房内取出,再置通风干燥处阴至全干。

(4)杭菊(或茶菊)　将花放在竹帘上在太阳下晒2小时,然后放入蒸笼内蒸3～5分钟,至笼有气冒出即可。然后摊在竹帘上在太阳下曝晒干。初晒时不能翻动,晚上收花时平放在室内不能压,晒2天后翻1次,再晒3～4天,基本干燥后收起放数天回潮,再晒1～2天,至花心完全变硬即为干燥。

茶菊主产区浙江桐乡县,历来采用烧柴的小灶蒸花,铁锅外缘直径50多厘米。锅内叠放3个蒸花盘。蒸花盘用竹篾编成,周边斜上,深约5厘米,上缘直径37～39厘米。蒸花时铁锅上要加盖深形木锅盖。

蒸花前处理:蒸花前要剔除烂花。根据桐乡群众经验,茶菊花采下后,晒半天至1天再蒸,可以使花瓣变得更白。同时,花中水分减少,蒸时相对来说不容易熟过头,又容易晒干。若采雨水花或露水花,需晒去水分后再蒸。若采下的花来不及加工,必须在通风室内用帘子摊开,摊放厚度以不超过12厘米为好,并要每天上下翻动2次,如此一般可摊放3~4天。

蒸花:蒸花前将花松松地放在蒸花盘上,厚度一般以4朵花厚为好。蒸得薄,颜色好,易晒干。蒸时先把锅内水烧开,然后放入蒸盘。蒸花火力要猛而均匀,每蒸1笼需4~5分钟。若蒸得过长,花熟过头就成"湿腐状",不易晒干,而且花色发黄;蒸得过短,则出现"生花",刚出笼时花瓣不贴伏,颜色灰白,经风一吹则成红褐色。过熟、过生质量都差。

蒸花时锅里要及时添水,并要常换水,保持清洁。用烧煤大灶蒸时,水面保持在锅缘下15厘米为好。水过少,蒸汽不足,蒸花时间长,花色差;水过多,沸水易溅着花,成"汤花",质量也不好。灶内添煤要在花出笼时进行,以保持上蒸盘后火力猛而均匀,使笼内温度正常。

晒花:蒸好的花,一出笼即覆在晒板上。上海所用的晒板为正方形,边长65~70厘米,用木板条夹稻秆做成,或用篾白编成。桐乡所用晒板为晒烟帘。菊花在晒板上晒2~3天后,翻过来再晒2~3天,然后摊在帘子上晒到花心完全发硬为止。如中间有潮块,应拣出复晒。

晒花须注意,未干时切忌手捏、叠压和卷拢,以避免菊花成"螺蛳肉"状,影响规格质量。晒花还要注意卫生,烟灰和尘土飞扬的地方以及牲畜棚圈旁都不能晒花。

(5)怀菊 将采回的菊花置搭好的架子上经1~2个月阴干下架,下架时轻拿轻放,防止散花。将收起的菊花,用清水喷洒均匀,每100公斤用水3~4公斤,使花湿润,用硫磺2公斤熏8小时左右,花色洁白即可。

六、综合利用

菊花不仅是常用中药材,杭菊还是较好的茶饮料,目前靠栽培提供商品。菊花除供中医处方调配外,还用于生产多种中成药。此外,菊花还是食用调味品、保健食品的常用原料,早在晋代就有"九月九日饮菊花酒"的记载。春秋楚国诗人屈原在《离骚》中,有"夕餐秋菊之落英"的诗句。随着社会经济的发展,饮用品的需求量也越来越大,如菊花晶、贡菊冰茶等自问世以来,销量逐年增加。

针对菊花生产基础好,有一套完整的栽培技术,且菊花繁殖快,周期短,有条件扩大生产这一系列特点,发展生产时应加强市场预测,防止生产大起大落;同时,进一步开发系列产品,促使菊花生产稳定协调发展,以适应市场需要。

西 红 花

西红花为鸢尾科植物番红花的干燥柱头,又名藏红花、番红花。烹调中取其花的柱头作调味品,可增香赋色,增进食物风味,给人以美感和快感。西红花具浓郁香气,味甘略有苦感,并微有刺激性,主要呈味成分为番红花甙、番红花苦甙、番红花酸二甲酯、α-番红花酸、番红花醛等。西红花入药性平味甘。归心、肝经。具有活血化瘀,凉血解毒,解郁安神的功效。用于经闭症瘕,产后瘀阻,温毒发斑,忧郁痞闷,惊悸发狂等。原产于亚细亚山区及阿拉伯、希腊等地,后传入西班牙、德国、法国等地中海沿岸国家,其中西班牙产量最大。我国过去多自印度经西藏进口,故称"藏红花"。1965年起先后从原西德、日本进口一批种茎,在北京、上海、浙江、江苏等地栽培成功。目前,引种范围扩大到全国22个省市。

一、植物形态

番红花为多年生草本,无地上茎。叶片簇生在地下球茎上,地下球茎呈扁球形,肥大似红葱,宿生在地下表土中。球茎外表由几层淡棕色膜质鳞片包围,内为乳白色肉质,具多条棕色环节,节上着生芽,每个芽被多层塔形膜质鳞片。顶芽1~4个,大而明显,位于球茎顶端,侧芽数多而小,分布在各节中。叶片线形,无柄,丛生,长15~30厘米,也有达45厘米以上者,宽0.2~0.4厘米,先端尖,光滑,全缘,每株有2~3叶丛,每叶丛有叶片2~15片,基部有3~5片半透明鳞片。花顶生,直径4~6厘米,花被6片,倒卵形,淡紫色,花筒长4~6厘米,细管状;雄蕊3枚,花药大,黄色,基部

图3-5 番红花

箭形;雌蕊3枚,心皮合生,子房下位,花柱细长,淡黄色,柱头3深裂,膨大呈漏斗状,长2~3厘米,伸出筒外,下垂,深红色,油润,具特异芳香,嚼之唾液被染成橙黄色(图3-5)。

二、生物学特性

1. 生长发育习性

番红花生育期在我国长江一带为210天左右。球茎在9月中旬下种,10月上旬开始出苗,10月下旬基本全苗。

(1)叶的生长　番红花出苗时,球茎顶芽的芽鞘先出土,然后抽生出叶片。随之侧芽陆续出土,展叶。出苗后,地上部分即进入生长盛期,此时叶片生长较快,叶片数也随之不断增加,直到第2年4月中旬枯苗为止。其中12月至第2年2月叶片生长较慢。

(2)根的生长　根分为营养根和贮藏根两种。营养根为须根系,分布在母球茎的四周,有吸收水分和养料的作用。在下种后10天左右开始伸出,幼根自母球茎下部几节中横向发出,到出苗展叶时,根系基本形成。根长可达15厘米,粗0.1厘米左右。每株有须根30~80根,大都分布在5~15厘米的表土层内。

贮藏根只在植株生长发育的一定时期内出现,有暂时贮藏营养物质的作用,植株开花结束后(11月下旬)贮藏根开始形成,着生于子球茎基部,首先是部分叶丛的基部向下凸起,然后伸出1条圆锥状的根,白色,肉质,脆嫩。贮藏根随株生长而伸长、增粗,可达11厘米以上,粗达1.3厘米,当年12月到第2年1月生长最快;到第2年2月以后,因子球茎开始迅速增大,贮藏根不再生长,且根内营养物质日趋减少,逐渐萎缩,至3月下旬完全枯烂。

(3)球茎的生长　出苗后,母球茎随植株生长,重量迅速下降,至12月下旬,降为原重量的25%,到第2年3月中旬只剩下原重量的10%左右,慢慢收缩成盘状,此时母球茎内营养已消耗,但不腐烂。在生长期间,如果须根遭受损伤,母球茎还能重新生根;如果母球茎因病虫害损伤,则发根力显著降低,母球茎若腐烂,则因须根吸收的水分和养料不能输送至叶片,地上部渐枯黄,最后植株枯死。

子球茎着生在母球茎各节上。在开花结束后,每叶丛的基部开始出现球形膨大,年内增长缓慢,到第2年1月便开始增大,尤以2月中旬到3月下旬增大最快。直到地上部分枯萎,营养根干瘪、腐烂,子球茎才停止生长。

母球茎主芽所生成的子球茎最大,侧芽生长成的子球茎较小,而以萌芽晚的侧芽生成的子球茎最小。西红花球茎一般在8克以上才能开花,球茎越大,开花越多。不开花的小球茎种植后,第2年可以生成1~3个小球茎,其中有的可达8克以上,故在目前球茎缺少的情况下,可用来扩大繁殖球茎。

(4)开花习性 番红花在出苗展叶后不久即开花,开花期一般在10月下旬到11月中旬。从现蕾到开花需1~3天,花蕾在开放前1天很快伸长。开花以每天上午9~11时最盛,下午4时以后花瓣渐闭合,呈半开状。每朵花开放时间可持续3天,而以第1天上午开得最鲜艳,这时采收最佳。

每球茎中只有顶端数个主芽能现蕾开花,侧芽不能开花,花蕾自芽顶叶间抽生,每一主叶丛可开花1~3朵,一植株开花1~6朵,最多的有12朵。但有部分球茎重达8克以上也不开花,原因目前还不明,凡能开花的球茎,如有一定湿度,不下种也能自行开花。

2. 对环境的要求

番红花属亚热带的药用植物,性喜温暖、湿润的气候,较能耐寒忌雨涝积水。适宜在冬季较温暖的地区种植,在开花期间以天气晴朗及生长期有适当的雨量为佳。秋季开花时,气温以14℃~20℃为宜。冬季可耐-10℃低温,但长期遇严寒冰冻,致使叶梢枯黄,植株生长不良,春季提早枯苗,所生成的子球茎小,降低花的产量。

宜选排水良好,腐殖质丰富的砂质壤土种植。在过于粘重或积水以及阴湿的地方种植,则植株生长不良,子球茎较小。

我国江南地区处于北半球中纬度,特别是太湖流域,气候温暖湿润、土地肥沃与地中海沿岸相似,是西红花生长的理想地域,产量高,质量优于进口品。但因江南属亚热带地区,夏季多雨,高温高湿,不利于番红花球茎露地越夏,故目前多采用室内栽培采花和露地繁殖球茎相结合的栽培方法。

三、栽培技术

1. 繁殖方法

番红花用球茎繁殖。5月上、中旬,当叶片完全枯黄时,立即挖取球茎,按大小分为3级:25克以上为1级,8~25克为2级,8克以下为3级。8克以下的小球茎不开花,只能作繁殖用,须再培育1年,选其中大球茎作为开花用,用半湿的细河沙拌匀置室内贮藏,待9月中下旬选大球茎栽种。贮藏前期,要求温度24℃~29℃,后期15℃~18℃,可保证花芽充分发育和提早开花。合理调控贮藏期间温度,是提高柱头产量的一项重要措施。

2. 露地栽培法

(1)选地整地 选择冬季较温暖、阳光充足、较肥沃的沙质土壤。前作可为黄豆、玉米等,也可以间作在阔叶落叶林内,如在桑树地、小橘园的宽畦上种植,或与其他药材套作。轮作有利番红花生长,减少病虫害,轮作年限4~5年为宜。

前作收获后及时翻耕土地,拣去杂草乱石,打碎土块,再细耙。因番红花为浅根作物,要求整地时土壤充分细碎、疏松。地整好后,按16厘米行距划线,开沟作畦,畦宽1.2~1.4米,沟宽

30~40厘米,然后每亩施入腐熟的堆肥2 500公斤和过磷酸钙50公斤,铺后再浅翻1次,深10~13厘米,将肥料翻入畦土内待种。

（2）种植

①下种期。一般在8月底~9月底这段时间内下种,但以9月上旬为适期,最好不要迟于9月底。据试验,早下种球茎先发根后发芽,早出苗,有利植株生长发育,植株健壮。迟下种则先发芽后发根,迟出苗,幼苗生长较差。

②种茎选择。番红花用球茎繁殖,试验证明,球茎的大小、轻重与开花朵数有密切关系。球茎重量在8克以下的一般不开花,开花朵数是随着球茎重量的增加而增多。叶丛数、叶片数及叶片长度等和球茎大小也有一定的关系。因此,番红花的种茎须经过挑选,分级种植。一般按大号（25克以上）、中号（8~25克）、小号（8克以下）3级分档种植,以利管理。

③种植方法。番红花的产量同种植密度、深度有一定关系。若种植过浅（如深3厘米）,则新球茎数量多,个体小,能开花的球茎少;种植过深（如深10厘米）,则新球茎虽大些,但能开花的球茎数也要减少。为此,番红花的种植密度与深度要根据球茎大小而定。一般小号球茎以行距9~12厘米,株距3厘米,深3~4.5厘米为宜;中号球茎以行距12厘米,株距6~9厘米,深为6厘米为宜;大号球茎以行距12~15厘米,株距9~12厘米,深6厘米为宜。下种时按以上深度横开下种沟,按以上密度将球茎放入,主芽向上,轻压入土,上面覆盖3厘米左右焦泥灰,然后按深度要求从畦沟提土覆盖。

（3）施肥

①基肥。基肥可促进番红花植株的生长发育,有利于球茎膨大。基肥可用人粪尿、圈肥、饼肥等。一般以腐熟的牛粪、饼肥、焦泥灰混合施用效果较好。施时将腐熟的圈肥按每亩2 500

公斤与饼肥75公斤混匀,施于栽种沟内,与土混和,再覆少量土后下种,或在整地时翻入土中。

②冬肥。每亩施圈肥或堆肥4 000公斤,在12月份均匀铺于畦面上,然后覆少量泥土,既增加肥力,又起防冻保暖作用。

③看苗追肥。追肥要看苗的长势和土壤肥力来确定。施氮肥过多,会造成叶片徒长,影响大球茎形成,降低球茎产量。一般在齐苗及开花终期,每亩施腐熟的人粪尿1 500公斤,或一定量的尿素。

用25毫升/立方米及50毫升/立方米"九二O"在生长期进行喷雾,能提高球茎重量,增加能开花球茎的个数,为第2年增加开花数,提高产量打下基础。

(4)田间管理

①中耕除草。及时中耕除草,防止土壤板结和杂草丛生,有利于球茎膨大。

②除侧芽。出苗后,用小刀插入土内,轻轻地连叶剔除小芽,保留2~4丛较大叶丛。据试验,如母球茎侧芽萌发多,第2年子球茎个数就增加,但母球茎营养分散,第2年能开花的子球茎会减少。经过除芽,可以增加子球茎中的大球茎数,提高产量。

③开沟排水。3~4月正是球茎膨大时期,常有春雨,田间易积水,造成球茎腐烂,叶片发黄,植株早枯。因此,雨后应及时疏沟排水。

④抗旱。秋旱会影响发根和出苗,要松土浇水,保持土壤湿润。

3. 室内开花露地增殖法

我国多数地方采用此法。其优点是:花柱产量高,质量好;避开发病高峰期,病害轻;采摘方便,省工省力,不受外界环境影响。

(1)室内培育阶段　室内培育阶段是指球茎从5月上、中旬起土离田进室培育至 11 月中旬开花后,再移植到田间的半年时间,这个阶段,球茎要经过休眠、萌芽、开花几个过程,是栽培和收花重要阶段。

培育室要南北有窗,以便通风通气和保温保湿,室内安装每层间距30~40 厘米的架子,便于多层放置,每排架子之间要适当留有通道,便于操作管理。

番红花花芽分化在 5 月至 8 月初;花分化期在 8 月上旬至 9 月下旬;开花期在 10 月底至 11 月初。据其生长特征,生长前期最适温度为14℃~29℃。此时南方盛夏,常高温达 35℃以上,不利球茎萌发开花。要采取搭凉棚,门窗日闭夜开,在屋顶盖草、涂石灰水等措施来调节与控制室温在 30℃以下,15℃~18℃为开花的适温,气温低于 15℃时,夜间要关闭北窗,还可适当加温。室内相对湿度应保持70%~80%,栽培室宜泥土地面,湿度偏低时,可洒水。匾子排放不超过房间高的 1/2 为宜。球茎越大越重,开花数越多。实践表明,小球茎一般不开花,培育大球茎是获得番红花高产的关键。开花前后,球茎能陆续形成许多侧芽,并成小球茎,为培育大球茎需除净侧芽,只留主芽1~2 个。每年抹除侧芽 3 次:第 1 次在 10 月初,第 2 次在 10 月中旬,第 3 次在采完花柱之后,除净侧芽下种,为第 2 年增产打下基础。抹除侧芽是增产的一项重要措施。球茎在不供给水肥的情况下,靠其自身贮藏的养分,能正常开花,根据这一特性,5 月上、中旬,在番红花叶片全部枯黄时选晴天立即将地下球茎挖起,齐顶端剪去残叶,除去母球茎残体,大小分档,排列摊于匾中,放置架上,调控好温度和湿度,于 10 月底至 11 月上旬即陆续开花。室内开花采摘方便,不受外界条件影响,产量比露地栽培每亩可增加 30%左右。采集花朵时为防止碰伤其他植株,可先将花朵整个采下,瓣开花瓣,取出柱头,摘下柱头当天烘干。

否则干花的颜色较暗黑,质差。应在 50℃ 左右温度下干燥,过高温度会烘焦,每亩可收干柱头 1 公斤左右。

(2)田间栽培阶段　田间栽培阶段是指 11 月上中旬至次年 5 月上中旬。这一阶段虽不开花直接提供商品,但它是球茎增殖增重时期,是为下 1 年商品花产量质量提高打基础的阶段,是番红花生产的关键阶段。

番红花球茎在室内开花后,消耗了大量的养分,又比正常栽种期推迟 2 个月,对其生长发育很不利。为争取农时,盛花期后就要立即抢种。待室内 80% 的花采收后,立即将球茎移栽于田间培育,20% 的花在田间采收。这样栽种期大为提早,使球茎在冻前发根展叶,为次年形成大球茎打下基础。选地、施肥、管理同上阶段。为保温防冻,在畦面铺一层腐熟的圈肥,再覆盖河泥,提高土温以利越冬。

番红花活棵后的管理旨在攻发棵,促长叶、长根。可追肥 3 次,前 2 次分别在 1 月上旬和 2 月上旬,每亩施稀薄人畜粪 1 000 公斤;3 月初用 0.20% 磷酸二氢钾喷施叶面,每 10 天 1 次,连续喷 3 次,可增大球茎。4 月中旬后,可合理喷灌,调节地湿,尽可能延长生长期,推迟倒苗期,以壮球茎。

番红花球茎在 6～7 月休眠期用 100 毫升/立方米赤霉素(GA)和 10 毫升/立方米细胞激动素(K)混合液浸种 12 小时,可提高番红花产量 50%。

5 月上中旬,气温上升,当气温高于 25℃ ,2～3 天后,番红花就要枯萎倒苗,再过 2 天球茎就进入休眠期。这时球茎上无叶苗,外有包衣,处于休眠状态,利于包装,所以,长途搬运都利用这个时期。

4. 球茎的收获与贮藏

(1)球茎收获　在第 2 年 5 月上旬,番红花的叶片完全枯萎后,选晴天,土壤呈半干状态时进行收获,此时土与球茎容易分离,操作方便,也不伤球茎。挖掘时用铁耙从畦的一端逐行连土翻起,拣起球茎,去掉泥土和干瘪的母球茎,放入筐内,运回室内摊放在阴凉处,1周左右再分档贮藏。

(2)球茎的贮藏 收获的球茎在分档过程中,先挑除有病、有虫害伤疤和机械损伤的球茎,然后按大、中、小3号分档,分别贮藏。贮藏方法有:

①沙藏。即在室内选择较干燥、阴凉的地方,铺上厚约3厘米半干燥的细黄沙1层,上放球茎1层,厚6~9厘米,再铺1层沙,依次层放,一般高度以0.5米左右为宜,宽0.7~1米,长不限,最后盖上细沙厚6厘米左右,上面放些有刺植物(如十大功劳等)或铁丝网,以防鼠害。

②挂藏。将球茎装在带有小孔的竹箩、竹篮内,吊在阴凉通风处。如球茎数量多,贮藏时可平摊在竹匾中,放在室内木架上,避免强烈阳光照射即可。

贮藏期间要定时检查。湿度过大容易腐烂,故过湿时要换干沙。

四、病虫害防治

1. 病害

(1)腐败病 腐败病是由病原菌引起的病害,一般出苗后就开始发生。造成腐败病的病菌有真菌和细菌(镰孢菌、蜜环菌、青枯杆菌和欧氏杆菌),病菌来源有:土壤带菌,前作是根茎类植物(如萝卜)的田块最为严重;球茎带菌;罗宾根螨、线虫等侵袭。病初,植株叶片有少量枯萎,随着病情的发展,叶片枯黄,逐渐向叶基延伸,直至整个叶片枯死和植株枯萎死亡;根的颜色由原来的嫩白色渐变为淡黄色、褐色,根尖无绒毛,出现坏死,在球茎种脐附近可见病斑,呈水渍状浅褐色,然后逐渐扩大,出现凹陷,病斑向深层发展显褐色,在病斑的边缘还可常见有白色、青灰色或灰黄色的霉变层,最后球茎溃烂或皱缩僵硬。从发病初期至植物死亡,一般只要10~20天时间,对番红花生产的威胁很大。

防治方法:①番红花球茎在起土后晒晾1~2天,充分利用太阳光消毒。②药剂浸种,种茎起土晾晒后,及时用25%多菌灵500倍液浸种10分钟最为经济有效,或者下种前用4.5%石灰乳剂浸10分钟,再用水冲洗后下种。③发现病株及时拔除,并在穴中放些石灰粉消毒。④轮作。⑤加强田间管理,注意开沟排水。⑥下种前进行消毒,每亩撒100公斤石灰或1.5公斤五氯硝基苯,浅翻1次。

(2)腐烂病 该病危害番红花的主芽,使主芽腐烂,仅留侧芽。到后期形成再生球茎量虽多,但个体小,不能开花,严重影响次年的产量。一般在土壤粘重、排水不良和地下害虫危害较重的情况下容易发生。

防治方法:①选择地势高的土地种植。②发病初期喷50%托布津800倍液或50%退菌特1 500倍液或75%百菌清800倍液,每7天1次,连续喷3次。③发现病株及时拔除烧毁。

(3)病毒病 该病是由一种病毒引起的。发生后叶片卷曲、畸形,生长不良。如移在室内培育,症状会暂时消失,但有隐症现象。据观察,主要是因蚜虫传播危害而引起。

防治方法:①挑选无病球茎种植。②用7.5%鱼藤精600倍液或40%乐果2 000倍液或50%灭蚜松乳剂1 500倍液防治蚜虫,减少传毒机会,减轻危害。

2. 虫害

(1)蚜虫 春季干燥易发生,繁殖迅速,危害叶片,并可传播病毒病。

防治方法:见病毒病。

(2)螨类 春末发生,危害叶片,呈黄色。

防治方法:可选用20%三氯杀螨砜1 000倍液浸种或喷洒。

(3)地下害虫 如蛴螬、蝼蛄等地下害虫危害球茎。

防治方法:用毒饵诱杀,人工捕杀幼虫,灯光诱捕成虫等综合措施防治。

五、采收加工

1. 采收

番红花开花时间比较集中,盛花期短,必须当天及时采收,在每天8~11时采收,采时将整朵花连管状的花冠筒一起带回室内加工。

2. 加工

采得的花朵,轻轻地剥开花瓣,用两手各拿3片花瓣往下剥去,把花瓣基部管状花冠筒剥开,取出柱头及花柱,薄薄摊于白纸上晒干。或置于40℃~50℃烘箱内烘3~5小时,但不能高于50℃,时间不宜过长,否则其挥发油等有效成分损失严重。干后收藏在清洁干燥的盒子里或瓶内,遮光密闭贮藏。

六、综合利用

西红花除药用外,入肴调味,国外使用极为广泛,多用于奶油制品、动物性制品、面点、调味料、饮料、糖果之中。因其价格高,产量低,国内使用较少,一般用于调配咖喱粉等复合香辛料。西红花是世界上最昂贵的天然食用香料,西餐中某些菜肴中调有西红花,尤显优雅名贵。此外,尚可作为染料、天然色素、化妆品颜料、香料制品的重要原料。西红花用途广泛,进一步发展生产大有意义。

第四章 皮类药材和果实及种子类药材

肉　　桂

肉桂为皮类药材,是樟科植物肉桂的干燥树皮,其枝、叶、花等均可入药蒸制桂油。烹调中取其树皮(亦称桂皮)、枝、叶、果实作调味品,国内多以使用桂皮、桂叶为主,可增香矫味,去腥解毒,增进食欲。烹调中应用广泛,多在酱、卤、炖、烧、煮等技法中使用。同时,又是五香粉、十三香、咖喱粉、卤料等多种复合香辛料的主料之一。肉桂具有强烈的肉桂醛香气和先甜后辛辣味,主要呈味成分为肉桂醛、丁香酚、香兰素等。肉桂入药,其性热味辛、甘。归肾、脾、心、肝经。具有补火助阳,散寒止痛,温通经脉的功效。常用于肾阳不足、命门火衰见畏寒

图 4-1　肉桂

肢冷,腰膝软弱,阳痿,尿频;脾肾阳虚见腰腹冷痛,食少便溏。还可用于寒湿痹痛,腰痛,血分有寒之瘀滞经闭、痛经等。它为我国特产,主产于广西、广东、福建、四川、云南等省(区)。

一、植物形态

肉桂为常绿乔木,树皮灰棕色。幼枝略呈四棱,被褐色短茸毛;全株有芳香气,叶互生或近对生,革质,长椭圆形或广披针形,长8~16厘米,宽3~6厘米,全缘,上面绿色,平滑而有光泽,下面粉绿色,微被柔毛,三出脉于下面隆起,细脉横向平行。圆锥花序被柔毛;花小,两性,黄绿色;花托肉质。浆果椭圆形,直径9毫米,熟时黑紫色,基部有浅杯状宿存花被。花期6~7月,果期次年2~3月(图4-1)。

二、生长发育环境条件

1. 土壤

肉桂是一种喜酸性土壤的植物,pH值在4.5~6.5之间的土壤,都可以栽培,但以5.5~6.5的土壤生长更为良好。土壤质地含石灰钙土、沙壤土、沙土或砾质土都可以栽培。据产区农民的经验认为,以表土为石灰质沙土或砾质土,底土为黄粘壤土栽培最适宜它的生长;富含有机质的疏松的沙土生长稍差。平地、坡地均可栽培,以坡度在40°以下的坡地栽培为好。在肥沃地肉桂虽生长较快,但抗寒力弱,枝叶含油量低。

2. 温度

肉桂喜温暖的气候,年平均温度20℃以上的地区最适宜生长。当日平均温度20℃以上时开始萌芽,而霜降后日平均气温低于20℃即停止生长。广东、广西的产区年最低温度在-2℃~-5℃亦能越冬。

164

3. 水分

肉桂喜潮湿的气候,降雨量1 200毫米以上,大气相对湿度80%以上的地区最适宜生长。

4. 光照

肉桂成年树喜向阳的环境,如果光照不足,则植株发育不良,皮薄,含油分低,品质差。但幼树喜稍荫蔽的环境,忌日光直射,育苗应在林下进行或搭棚遮荫,透光度20% ~ 30%,主要是中午要荫蔽,一般是1米以上喜阳。

新鲜肉桂种子发芽率高,达90%以上,失水干燥就会丧失发芽能力。脱离土壤保持湿润的条件下寿命也只能持续20天左右,因此,采下的种子必须趁新鲜时播入土中。肉桂植株生长快,萌芽力强,寿命可长达数百年之久。根入土较深,植株能抗强风袭击,不易倒伏。

三、栽培技术

1. 选地整地

育苗地宜选日照时数短、排水良好、表土深厚的沙质壤土。冬季整地,除草,耙细整平,作成宽1米、高15 ~ 20厘米的畦,四周开好排水沟。若土壤瘠薄应施堆肥作底肥,可在畦上铺上1层垃圾土,使土质疏松。

栽植地应选土层深厚湿润、酸性的黄、红壤土地,以阳光充足、排水良好的东南山坡为好。于秋冬整地,按株行距60厘米×60厘米,深为33厘米定植。

2. 繁殖方法

可用种子、扦插和压条繁殖,以种子繁殖为主,育苗移栽。

(1)种子繁殖

①采种。选生长健壮、皮厚、味甜辣、香气浓、15年生的母

树留种,2～3月种子成熟时及时采摘,以免被鸟类、松鼠偷食。采后除去果皮,洗净果肉,立即播种,发芽率最高。若不能立即播种,可混湿润细沙贮藏,但时间不能过久。鲜种阴干过久或晒干,都会降低发芽率。

②催芽。肉桂种子发芽慢,为加速种子发芽,出苗整齐,便于管理,可将种子与3～4倍的湿润细沙混匀,放入木箱或土坑内,上下垫盖湿润细沙5～7厘米,并要防鼠偷食,一般约经10～15天,种子破口出芽时,及时播种为宜。

③播种育苗。3～4月播种,苗床宜选灌水方便、有荫蔽、排水良好的夹沙土。先翻整地,亩施堆肥1 500～2 000公斤,耙细整平,作1.3米宽的高畦。条播,在畦上按行距23～27厘米,作横沟,深5～7厘米,播幅10厘米,每沟播种约40粒,亩用种约20公斤,盖细土2～3厘米,最后盖草。

经过催芽的种子,播后约15天出苗,未经催芽的种子,播后30～40天才出苗。当种子出苗时,将盖草揭去。如无自然荫蔽,需搭荫棚,透光度为20%～30%,苗期要勤除草、松土、追肥,天旱地干时要及时灌水,并适当间拔弱苗密苗。追肥用人畜粪水和尿素,每隔1～2月施1次,培育1～2年定植。或先将1年生壮苗定植,小苗再培育1年。

(2)扦插繁殖 扦插在3～4月进行,苗床整地与种子繁殖育苗相同。选优良母本,采用2年生枝条,但嫩梢、花果枝、徒长枝不宜选用。插条长17～20厘米,带有3～4个芽,剪去叶片,随剪随插。插时在畦上按行距23～27厘米开横沟,深15～17厘米,每沟放插条20株,填土踩紧,再盖细土与畦面齐平,应有1个芽露出土面,搭设荫棚,注意除草松土、灌水,待生根后(约50天)适当追施人畜粪水或尿素,培育1～2年定植。

(3)压条繁殖 在3～4月新梢尚未长出,树干营养集中

166

时,结合修枝整形,选过密的及有碍田间管理的直径1~2厘米的下部侧枝,距树干10~20厘米处,用芽接刀环状剥皮1.5~4厘米长(长度视枝条粗细而异),切口要整齐干净,勿过深伤及木质部而折断,切口的皮层不要破裂或松脱而影响发根。用刀轻轻刮去切口段的残留皮层,用湿椰糠敷于切口,要紧贴不漏空隙,稍用力从两端向中部挤压,用塑料薄膜包扎,两头梆紧。包裹物的多少,看枝条粗细而定。由于塑料薄膜保水力强,水滴反复流回糠内,除天气特别干旱外,一般不用浇水。亦有用稻草拌塘泥或黄泥加羊骨粉拌匀作敷料,用布料包扎,由于水分容易蒸发,须定期检查淋水,一般以采用塑料薄膜包裹为佳。在3~4月,处理后10~15天,切口愈合,30~40天后即露新根,生根率可达80%以上。待新根长满椰糠时,即可移植。

3. 定植

1、2年生苗木,当高达30~60厘米,茎径2~3厘米时,即可定植。以3~4月新芽萌发前定植,成活率最高;夏季新梢生长,蒸发量大,若管理不善,成活率低。定植密度按栽培目的和土地条件而定。若供剥取桂皮,土地肥沃者,株行距多为5米×5米,每亩25株;或4米×4米,每亩42株;若供采取枝叶蒸制桂油,土地瘠薄者,株行距1米×1米,每亩670株。定植选阴天进行,起苗前先剪去部分叶片,起苗后立即用黄泥浆根,保持湿润。定植时每穴1株,穴径以苗木根系在穴中舒展为度。栽时下足基肥,扶正苗木,用熟土覆盖苗根,当填土到苗株根际原有土痕时,将苗木轻轻上提,使根系舒展,再踩紧土壤,填土满穴,浇定根水,表面再盖松土。

4. 间作套种

定植后未成林的幼龄树,需要阴凉湿润的环境,故在幼龄林可间作红花、益母草、菊花、薏苡仁、补骨脂等药材或玉米、芝麻、黄豆、花生等作物,成林后不再间种。

5. 田间管理

(1)灌水保苗　定植后的 2～3 个月,如遇间隙性干旱,应及时淋水,以保证成活。

(2)中耕除草　定植头 1～3 年的幼龄树,每年 5、7、9、11月各进行 1 次除草,铲除距植株 1 米内的杂草,锄松表土,并将杂草埋于土内,既增土壤肥力,又能保温防旱防寒。若系定植于杂木林内,要将过于荫蔽的杂木适当疏伐,以利于肉桂生长。

(3)施肥　定植头 1～3 年的幼龄树,每年追肥 1～2 次,于春、秋季中耕除草之后进行,施堆肥、过磷酸钙和尿素,施后覆土。

(4)修枝　每年春、冬进行,剪去幼树下部的下垂枝和成龄树多余的萌蘖、病虫枝、过密纤弱枝,促使树干挺直粗壮,通风透光。修剪的树枝,部分可作桂枝入药。

(5)林木更新　肉桂砍伐剥皮后,树桩萌发力很强,一般经2～3 个月每个树桩发芽抽新枝,应选留正直粗壮的新枝 1 株;其余的剪去,抚育管理,可以连续采伐。

四、病虫害防治

1. 病害

(1)根腐病　根腐病为苗期病害,多在雨季发生。如选地不当,低洼积水,发病较严重。常主根先腐烂,随后全株死亡。

防治方法:①开好排水沟,防止积水。②发现病株及时拔除烧毁,病穴用石灰消毒或用 1% 福尔马林液消毒,亦可用 50% 退菌特 500 倍液全面浇洒,防止蔓延。

(2)褐斑病　在高温多湿的季节易发病。受害叶病斑呈黄褐色,继续扩大,后期呈黑色小点,逐渐黄化凋萎。

防治方法:①发病初期摘除病叶烧毁。②喷 1∶1∶100 波

168

尔多液,每 7 ~ 14 天 1 次,连续 2 ~ 3 次,防止蔓延。

2. 虫害

(1)樟红天牛　每年 5 ~ 7 月产卵于树枝顶端,幼虫孵化后,蛀食树皮,钻入心材。此虫多发生在荫蔽林中14 ~ 15 龄的树上。喜寄生在直径约 20 毫米的枝条内,使受害枝的上部枯死。

防治方法:①砍去受害枝,剥皮后即烧毁。②幼虫蛀木质部后,用药棉浸 80% 敌敌畏塞入蛀孔,用泥土封口,毒杀幼虫。③5 ~ 7 月在成虫盛发期捕捉成虫。

(2)卷叶蛾　其幼虫于夏秋间,将数张新叶卷缩成巢,潜伏其中,危害叶片。防治方法:①摘除虫叶烧毁。②在幼虫发生初期(卷叶前)用 90% 敌百虫1 000 ~ 1 500 倍液喷杀,每隔 5 ~ 7 天1 次,连续2 ~ 3 次。

(3)肉桂木蛾　该虫是近年来才发现的肉桂的主要害虫之一。幼虫钻蛀茎秆并取食附近树皮和叶片。被害枝易折断或干枯,虫口密度大时,严重影响肉桂生长。

防治方法:①在幼虫孵化盛期用 50% 杀螟松乳油500 ~ 800倍液或 50% 磷胺乳油1 000 ~ 1 500倍液喷雾,10 天 1 次,连续2 ~ 3 次,以防治初龄幼虫。如防治失时,幼虫已发育较大,可先去除洞口虫粪,然后用棉球蘸敌敌畏乳油 10 倍液或 90% 敌百虫饱和液,塞进蛀洞内,并用泥土封口,以杀死幼虫。②结合剪枝或采收桂枝,剪除被害枝条。③一种黄蚂蚁是该虫天敌,这种蚂蚁可在树上作泥巢,进行繁殖。

五、采收加工

1. 采收

树龄 10 ~ 15 年以上才行剥皮。其方法有全部剥皮和部分剥皮两种。全部剥皮在3 ~ 5 月或9 ~ 10 月进行,于剥皮前半个月,以利刀将树干基部的树皮割断。剥皮时用刀在离地2～4厘米高的树干上横割1圈,向上量40厘米处再割1环,在两环间纵割1裂缝,用刀斜插入内,上下左右轻轻剥动,直至把树皮剥落。第一筒剥后,向上再量40厘米,按上法再行剥取,直至剥完。剥皮后的树基萌芽要注意抚育,一般10年后又可进行剥皮,如此可循环生产50～90年。部分剥皮多于7～8月进行。每次每一树干剥去1/3,以后待树皮愈合时,再行剥取。剥皮的伤口应包扎1星期,以利于伤口愈合。

桂枝在定植后2年采收,即冬季砍伐多余的萌蘖,收获修剪下的枝条。

桂子的采收,即于10～11月摘下幼嫩未成熟的果实。

2. 加工

剥下的干皮和粗枝皮,晒1～2天后阴干,卷成圆筒状的,称"桂通",若将10多年生树皮用板夹晒至九成干,取出纵横堆叠加压,约1个月后完全干燥,成为扁平板状,称"板桂"。取10年生以上的干皮,将两端削成斜面,突出桂心,夹在木制的凹凸板中间,压成两侧卷曲的浅槽状,称"企边桂",长40厘米,宽6～10厘米。加工余下的边条,剥去外栓皮的,称"边桂"。

桂枝采折后应趁新鲜切斜口段,晒干。桂子采摘后,晒干。

此外,叶片、枝条、果实、桂碎等亦可用于蒸制桂油。

六、综合利用

肉桂作为调料,在农贸市场、调味品商店均有销售。肉桂皮、枝、果均可入药,药名分别为肉桂、桂枝、桂子。枝、叶、花等可蒸制肉桂油供药用,除作驱风、健胃药外,还可用作香料,如制香皂、香水、化妆品等。此外,肉桂的木材纹理直,结构细,可制高档家具。

八角茴香

八角茴香为木兰科植物八角茴香的成熟果实,又名八角、大料、大茴香。烹调中取其果实(八角)、叶片、枝叶作调味品,尤以果实最为常用。八角茴香入肴调味,可除腥臭,增香味,促食欲。广泛用于多种烹饪原料及酱、煮、焖、炖、烧等菜肴中。同时,还是五香粉、十三香、咖喱粉等复合香辛料的主料之一。八角茴香具有强烈似山楂花香气,味甜。其主要呈味成分为茴香脑、茴香酮、

图4-2 八角茴香

茴香醛、茴香醚、黄樟油素等。八角茴香入药,性温味辛。具有温阳散寒,理气止痛的功效。用于寒疝腹痛,肾虚腰痛,胃寒呕吐,脘腹冷痛等。八角茴香是我国珍贵的香料树种,主要分布在广西、广东、云南、福建,贵州南部、湖南南部也有栽培。

一、植物形态

常绿乔木,高15~20米,主干挺直,树皮灰褐色。叶革质,互生或3~5枚簇生,椭圆形、长椭圆形或椭圆状倒卵形,先端急

尖或渐尖,基部楔形,全缘,网脉不明显,叶面光滑,有透明的油腺,叶背有疏刚毛。花两性,单生于叶腋,花梗长,花被为7~12,粉红色至深红色,排列为2~3轮。果放射状排列,成熟时红棕色;每个瓣内有褐色种子1粒,有光泽(图4-2)。

二、生物学特性

1. 生长发育习性

八角茴香树寿命125~150年,幼树定植后7~8年开花结实,15年后进入盛果期。如果管理得好,盛果期可持续60~70年。之后树体衰退,产量下降,逐步衰老死亡,此阶段若管理得好,可维持60年。

八角茴香每年抽梢2~3次,通常春梢于4~5月抽出,秋梢于8~9月抽生。每年开花结果2次,第1次花期2~3月,果8~9月成熟;在果熟时又开第2次花,到翌年的第1次花期时果成熟。以第1次产量为主,占总产量的80%~90%。

2. 对环境的要求

(1)土壤 以土层深厚肥沃、排水良好、湿润的偏酸性壤土或沙壤土为宜。在土质粘重板结、石砾土、干燥贫瘠的山地生长不良,开花结果少,产量低。

(2)温度 八角茴香为热带、南亚热带植物,主要分布于北纬25°30′以南的丘陵山地。年平均气温为19℃~23℃,最冷月平均气温不低于10℃,极端最低气温−6℃。气温−2℃~−4℃时,果受冻害,气温低于−6℃,部分植株将受冻死亡。

(3)水分 喜温暖潮湿的气候,在产区一般年降水量在1 300毫米以上,相对湿度80%以上。

(4)光照 幼树喜阴,成年树喜阳,尤其是花芽分化及果枝发育时期,只有光照充足,才能正常开花结实。

三、栽培技术

1. 选地整地

(1) 育苗地　育苗圃地要选择水源充足、土质肥沃、环境阴凉、排水良好、不受山洪冲刷和无太阳西晒的地方。整地要求是全面翻耕,清除杂草、石块,均匀碎土,平整作畦,畦宽100厘米,高20厘米。生荒地头年秋冬深耕翻地,分层施足基肥。地中心和四周要开挖排水沟,以利排水。

(2) 造林地　宜选用东坡、东北坡向的低山和中山的中下坡造林为好,而西坡日照强烈,不能选用。以土层深厚、疏松肥沃、湿润、微酸性的沙壤土或壤土为好,钙质土、石灰岩山地不宜选用。清除林地灌木杂草,缓坡或土层粘结地全垦,陡坡或土壤疏松地带垦或穴垦。于定植前半年开穴,回土,定植时起土,施肥,种植。

2. 繁殖方法

八角茴香以种子育苗繁殖、造林为主,亦可用营养钵育苗繁殖和嫁接繁殖。

(1) 采种及种子处理　要选择树龄20～50年生,树冠发达、结果多、品质优良、无病虫害的植株为留种母树。八角茴香花期长,果熟期也较长,大量果熟期在10月下旬,应在果皮颜色由绿色变为黄褐色,果实未开裂之前采收。此时种子饱满充实,发芽力最强。采种时应以木钩钩住果枝,用手摘果,不能采用竹竿敲打或摇动等方法,要注意保护母树。

种果采回后,在室内摊开晾晒,经常翻动,脱种去杂。八角茴香种皮干膜质,种子含挥发油,暴露于日光下或放置空气流通处,油质极易挥发,过于潮湿又易腐烂,极易丧失发芽力,故宜随采随播。如不立即进行育苗,而是供翌年春播或远途运输的,必须妥善贮藏。一般是将种子与3～4倍黄泥土加少量清水,搅拌均匀,使每粒种子都裹上一层黄泥,放阴凉处贮藏至播种时取出。贮藏期间要经常检查,注意防热、防鼠、保湿。

（2）播种 在广西南部冬季无霜或少霜地区以11～12月秋播为好,而中部和北部冬季有霜冻的地区,则以1～2月春播为好,若延迟到3～4月初播种,则不发芽。

一般采用条播,在整好的育苗地上,按行距15～20厘米开播种沟,沟深4厘米,然后按3～4厘米株距点播种子1粒。播种后用稻草或茅草进行覆盖,以保温保湿。

（3）苗期管理 加强苗期管理是培育壮苗的关键。在种子发芽出土前,要经常淋水,保持畦土湿润,促进种子发芽。发芽出土后,要及时撤走覆盖物,并立即搭棚遮荫,至11月可除去遮荫棚。苗圃要经常进行中耕除草,保持土壤疏松、无杂草。在苗高3～4厘米时开始追肥,每亩施稀薄人粪尿1 000公斤或尿素5公斤对水施下。一般每年追肥2～3次,冬季应增施磷、钾肥。追肥时应掌握先稀后浓,先少后多的原则。

3. 定植造林

实生苗造林密度随经营目的而异,一种是生产八角茴香的果用林,造林密度一般行株距为5米左右,每亩26株。另一种是以生产蒸油为目的的叶用林,行株距为1.33米左右,每亩375株。确定造林稀与密的原则是:大山区稍稀,丘陵地稍密;肥土稍稀,瘦土稍密;山脚稍稀,中山稍密。

造林方法,果用林用2年生苗,叶用林用3年生苗。造林季节在2月新芽未萌动前,起苗要与造林紧密衔接,这是影响到造林成败的关键性工序。八角茴香是常绿树,起苗前应先剪去大部分侧枝和叶片的3/4,以减少叶面蒸发。起苗后黄泥浆根,保护根系。如因造林地远,造林任务重,可用截干造林法,即在造

174

林前 1~2 周,将苗木离根际 10 厘米(果用林)或 130 厘米(叶用林)截断。因幼苗期萌芽力强,一般在 20 天后又可萌发新芽,可提高造林成活率。

4. 田间管理

(1)间种遮荫　造林后,在幼林内间种农作物是保证其成活和促进生长的较好措施。可以套种玉米、薏苡或其他高秆草本,这样既能遮荫和增加土壤肥力,减少抚育用工,又能促进八角茴香幼林生长,增加经济效益,充分利用土地。一般可间种 3 年。

(2)中耕除草　每隔 3~5 年全面翻土 1 次,到 10 年生进入盛果期,每年割草 2 次,第 1 次在春季果未脱落前进行,第 2 次在秋后 9 月采果前进行,以便收果。

(3)追肥　八角茴香每年开花结果 2 次,花果同时挂在树上,需要消耗大量的营养。每次采果后,应及时施肥,每株可施绿肥或厩肥20~30 公斤,过磷酸钙 100 克,混合后施下,随树龄增加还应加大施肥量,才能保证年年丰收。

叶用林在造林后头两年可间种农作物,以后必须在每年生长盛期之前中耕翻土、培土、施肥 1 次,这样管理,采叶可长达30~40 年。

四、病虫害防治

1. 病害

(1)炭疽病　主要为害叶、果和苗木茎干,0.5 厘米以下的 1 年生苗木易受害。此病常年为害。发病期雨水多则病害发展快。

防治方法:①选择排水良好、空气流通并远离大树的地作苗圃。②病害发生期喷 1:1:200 波尔多液,每 7 天喷 1 次,连续喷洒2~3 次。

（2）日灼病　树体受强烈日照而骤然间引进的非侵染性病害。被害植株树皮龟裂，木质部腐朽，由下至上逐步枯死。

防治方法：①造林地宜间种高秆作物和速生树种作荫蔽，以免受烈日照射，林地进入成林期后，才逐渐将部分荫蔽树间伐，使幼树受日晒锻炼，增加对日灼病的抵抗力。②在全树干上涂刷石灰浆，以反射强烈阳光，一般在每年7～8月涂刷较适宜。

2. 虫害

（1）八角尺蠖　1年发生4～5代，幼虫3龄前在叶背吃叶肉，4龄以后食量增大，能将整片叶吃光。在广西南部幼虫从3～11月为害叶片，9～10月是危害最为严重季节。

防治方法：①人工捕杀。②幼龄期，用90%敌百虫1 000倍液，或50%马拉松乳剂600～800倍液防治。

（2）金花虫　以卵在叶腋间越冬，翌年3月间孵化出幼虫，4月入土蜕皮化蛹，5月羽化成虫，7月间产卵于叶腋上，为害叶和芽，轻者生长不良，八角茴香减产；为害严重致使叶子被吃光后，树木枯死。

防治方法：①利用其假死性和喜光性，用竹筒布袋等收集捕杀。②用90%敌百虫1 000倍液或50%马拉松乳剂500～600倍液喷杀；用"621"烟剂熏杀；在幼虫期喷白僵菌粉使之感染致死。

五、采收加工

1. 收获

八角茴香的春季果在4月间成熟，因春季果产量少，不值得花人工上树采摘，可待果实老熟落地后从地上拾取，收回后晒干，贮藏于干燥处。秋季果是大造果，10～11月采收，一般每株可产果50～100公斤。因此时树上有成熟的果、幼果和正在开放的花，采种时既不能用竹竿敲打，也不宜摇动树枝或折枝，只能上树用木钩钩果枝,用手摘取熟果。

叶子含油量是老叶多,嫩叶少。一般在秋后,采1年以上的老枝叶,随采随蒸馏八角茴香油。

2. 加工

果实采收后,如用作香料或以果入药者,应及时晒干或烘干。晒干是将新鲜果直接放在阳光下曝晒,或先放在沸水中浸泡片刻,待果色转红后捞出曝晒至干。烘干是将新鲜果实放在竹架上,低温烘烤至干。以烘干的八角茴香品质好,香味浓。外观上,烘干的果实不如晒干的美观。

蒸油加工,用水蒸汽蒸馏法,一般每100公斤鲜枝叶可得八角茴香油0.7~0.9公斤。

六、综合利用

八角茴香为常用中药材,也是常用的食用增香调味料。在制药工业中,八角茴香油是合成雌性激素乙烷雌酚的主要原料。在香料工业中,可用于提取大茴香脑,由其合成的大茴香醛和大茴香醇,广泛地用于食品、牙膏、香皂及化妆品中。八角茴香及八角茴香油还是我国传统的出口商品之一,在国际市场上享有盛誉。八角茴香树作为我国南亚热带珍贵的经济树种,发展前景广阔。

小　茴　香

小茴香为伞形科植物茴香的成熟果实,又名茴香、小茴、谷茴、土茴香。入肴调味,可去除异臭,增香添味。可独立调香,亦可与其他调味品配合使用,还可用来配制复合香辛料。小茴香气味芳香温和,带有樟脑般气味,微有回甜和苦味及炙舌感。主要呈味成分为茴香醇、反式茴香脑、小茴香酮、大茴香醛等。小茴香入药,性温味辛。归肝、肾、脾、胃经。具有祛寒止痛,理气和胃的功能。用于寒疝腹疼,睾丸偏坠,痛经,少腹冷痛,脘腹胀痛,食少吐泻,睾丸鞘膜积液等。全国大部分地区有栽培。主产于内蒙古自治区及山西、黑龙江等地。山西省产量大,内蒙古品质优。

一、植物形态

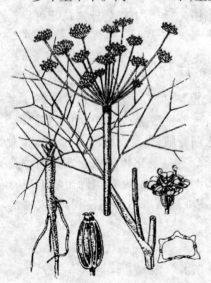

多年生草本。高0.5～2米,茎直立中空,表面有浅纵沟,被白粉,上部多分枝。基生叶较大,长可达40厘米,茎生叶较小,互生;3～4回羽状分裂,深绿色,末回裂片线形至丝状,叶柄基部鞘状抱茎。复伞形花序顶生或侧生,每小伞序有伞梗5～20枚,每伞梗着生多数无柄小花,小花金黄色,无总苞及苞片,萼齿不明显,花瓣5片,尖端下凹而内卷。双悬果,成熟时开裂为2分果(图4-3)。

图4-3 茴香

二、生物学特性

对气候要求不严,适应性强,我国大部分地区都可栽培。在气候凉爽地区生长较好,结果率高,种子发芽的适宜温度为15℃～25℃。选择栽培地点应随目的不同而异,收果实者,宜在较高海拔的地方种植;收茎叶蒸制茴香油者,应种于阳光充足的低海拔地区。对土壤要求不严,但在沙质壤土上生长良好,土壤过粘、过湿都会生长不良。以收获果实为目的,则要求土壤中等肥力;收获茎叶为目的,则要求土壤较肥沃。土壤酸碱度以中性或弱酸性为好,在盐碱地也能种植。

三、栽培技术

1. 选地整地

以选阳光充足、肥力中等、排水通畅、透气性好的沙壤土或坡地为好。由于茴香是多年生植物,因此,要深翻土地,施足基肥,每亩可用厩肥或堆肥1 500～2 000公斤,翻入土中,整细耙平,作宽1～1.5米的畦,理好沟,以便排水。一般南方作成高畦,北方作成平畦。

2. 繁殖方法

主要用种子繁殖,也可分株繁殖。分株繁殖结果早,但植株老化后,产量降低,因此不常采用。

(1)种子繁殖

①播种期。南方春播、秋播均可,北方只能春播。以收获果实为目的,宜春播;以产茎叶蒸茴香油为目的,宜秋播,因越冬后的苗生长快,比当年春播的收割次数多,产量高。春播一般在3～4月份进行,南方稍早,北方稍晚。秋播在9～10月进行。

②播种密度。应视收获部位及土壤肥力而定,收茎叶及地力差者可稍密植,行距33厘米条播,或33厘米×25厘米穴播,每亩用种子0.6公斤左右。收果实者,行株距可增至50厘米×33厘米,每亩用种子0.5公斤左右。

③播种方法。条播开7厘米左右深的浅沟,穴播挖7厘米

179

左右深的穴,将种子均匀撒于沟内或穴内,每穴播种 10～15 粒。播后覆细土,以看不见种子为度,北方空气干燥,其上再盖糠灰、稻壳、碎麦草等保湿,以利于出苗。四川将每亩所用的种子与 200 公斤草木灰拌匀过筛后加入人畜粪水 80 公斤,播时每穴撒种子灰 1 把,每把有种子10～15 粒,如土壤干燥,应先浇稀薄粪水再播种。

(2)分株繁殖　南方茴香的宿根可以越冬成为多年生植物,3～4 年后可以分株繁殖,晚秋采收果实以后,或春天幼芽萌动以前,将根挖出,根据老蔸大小,分成 2 至数丛带芽的根,在已整好的地上按 50 厘米左右的行株距穴栽,由于分株繁殖有伤口,容易感病。北方不能露地越冬,多做 1 年生栽培,若要分株繁殖,可于上冻前,将带芽的根挖出窖藏,春天3～4 月再分株栽植。

3. 田间管理

(1)间苗　播后保持土壤湿润,若温度适宜,10 天左右可出苗,若温度低则出苗慢。苗高15～20 厘米时可间苗、补苗,穴播的每穴留苗 5 株左右,条播的每隔 10 厘米左右留苗 1 株。如有缺株,可带土移栽补上。

(2)中耕除草　可在植株整个生长期,每年进行 3～5 次。浇水和下大雨后应及时中耕,苗幼小时松土宜浅,以后可以稍深,要做到地里无杂草,土壤不板结。特别是冬前最后 1 次中耕除草要结合培土认真进行,培土可保证安全越冬,清除杂草可消灭越冬虫卵和病菌,有利于来年丰收。

(3)追肥　除施足基肥外,还要根据土壤肥力高低,生长好坏,追施适量的肥料。前期以长叶为主,应施适量的氮肥,每年可施 1～2 次人畜粪水;后期以开花结果为主,除施以氮肥外,还应增施磷钾肥,可以根外追肥。

(4)灌溉排水　茴香喜湿润怕积水。因此,天旱要及时灌

180

溉,特别是每次采收茎叶以后,必须供给充足的水分,使植株迅速萌发更新。雨季要注意排水防涝,以免水涝烂根。

四、病虫害防治

1. 病害

茴香病害主要是灰斑病。一般 8 月份发病,开始茎叶上出现圆形灰色小斑,后变黑色,严重时全株变黑死亡。

防治方法:①春播者尽量早播,使其在雨季前开花结果。②高温多雨季节喷 1:1:100 波尔多液,每 7 天 1 次,连续2~3 次。

2. 虫害

(1)黄凤蝶 是茴香的重要害虫,分布地区广,主要为害花和果实。在北方 1 年发生1~2 代,在江苏、江西 1 年多至4~5代,世代重叠。10~11 月末代幼虫在残株、枯枝落叶或向阳避风的场所化蛹越冬。

防治方法:①清园,处理残株并烧毁。②在害虫幼龄期用 Bt乳剂 300 倍液,或90% 敌百虫 800 倍液,或40% 氧化乐果1 000倍液喷雾防治,每5~7 天 1 次,连续2~3 次。③发生期用青虫菌、苏芸金杆菌7216 制剂喷粉,7~10 天 1 次,连续2~3 次。

(2)黄翅茴香螟 为害茴香的花和果实,幼虫在花蕾上结网。东北 1 年发生 1 代,以老熟幼虫在茴香根际附近约 4 厘米深土层中做茧越冬。越冬代成虫 7 月中、下旬大量出现,8 月上、中旬是幼虫为害盛期。

防治方法:同黄凤蝶。

(4)胡萝卜微管蚜和茴香蚜 前者普遍发生,后者分布于广东。成、若虫为害茎叶,特别是嫩梢。

防治方法:发生期应用低残留农药敌敌畏、鱼藤精和 600 倍乐果喷雾。

此外还有蛞蝓、蜗牛,为害叶片、花蕾,喷石灰粉、蜗牛敌防治;金龟子、地老虎,幼虫为害根部,可用人工捕捉或用40%氧化乐果浇灌根部。

五、采收加工

1. 果实

播种当年8～10月果实陆续成熟,即可收获,南方做多年生栽培,第2年以后,成熟期提前。当果皮由绿色变黄绿色而呈现出淡黑色纵线时便可收割,若等果皮变黄,果实易脱落,造成损失。茴香花果期长,果实陆续成熟,最好分批采收。收获后经日晒,到7～8成干时脱粒,晒至全干,扬净杂质即得茴香果。每亩可产干燥果实50～125公斤。

2. 茎叶

茴香种植于温暖地区及较肥沃的土地上,每年能收割茎叶4次左右,若种于寒冷而瘠薄的地块,只能收割2～3次。一般是在茎叶生长繁茂、已达开花初期或盛期时收割,留茬高3厘米左右为宜;留茬过高萌发新蘖不好,影响下次产量,一般第1次产量最高,以后递减,每年每亩可产鲜茎叶3 000～4 000公斤。温暖地区做多年生栽培者,连续收割3～4年后植株老化产量下降,应更新另地再种。

茴香的果实和茎叶都含有挥发油,可用水蒸气蒸馏法提取。

六、综合利用

小茴香既是常用中药,又是历史悠久应用广泛的调味品,为"五香"之首,它是卫生部确定的药食共用品之一。近年来,小茴香除供中医处方调配和生产中成药外,作为食用调料用量逐年增加。其根和叶亦可入药,鲜茎、叶、根还可做菜。果实及鲜茎叶可蒸馏小茴香油,作食品香料及化妆品的香精。从国际行情看,日本年用量(从外进口)达5 000公斤左右,外贸出口畅销。

木　瓜

　　木瓜为蔷薇科植物贴梗海棠的近成熟果实,又名贴梗木瓜、皱皮木瓜、宣木瓜等。入菜肴,既可增酸添香,又是良好的食品赋色物。其主要呈味成分为苹果酸、酒石酸、柠檬酸等。木瓜入药,性温味酸。归肝、脾经。具有平肝舒筋,和胃化湿的功能。用于湿痹拘挛,腰膝关节酸痛,吐泻转筋,脚气水肿等。主产于安徽、四川、浙江、湖北、湖南、云南、贵州、西藏等地。以安徽宣城所产木瓜品质为优。

一、植物形态

　　落叶灌木,高 2～3米。树皮光滑,青灰色,嫩枝密被短柔毛,棕褐色,枝有刺。单叶互生,薄革质,卵形至椭圆形,边缘具密而细的锐锯齿,

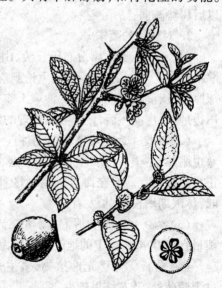

图4-4　贴梗海棠

叶柄长约 1 厘米;托叶大型,卵圆形或矩圆形。花先叶开放或与叶同放,3～5 朵簇生于 2 年生枝上,花萼钟状,花猩红色,少数

183

淡红色或白色。果卵球形或长卵状球形,两端凹入似脐,黄色或黄绿色,芳香;种子多数,扁平,三角形,褐色(图4-4)。

二、生物学特性

1. 生长发育习性

在四川、浙江主产区,一般在 2 月中旬开始现蕾,3 月上中旬进入盛花期;3 月中旬至 4 月上旬开始展叶,5～6 月植株生长进入旺盛期;7～8 月果实成熟,易落果;秋季落叶较早,10 月就已开始落叶。根萌蘖能力强,在土中能延伸到2～3 米远的地方,萌发出幼苗。木瓜寿命较长,结果期 15～20 年,一般 30 年以后树势减弱,结果减少。

2. 对环境的要求

(1)土壤 野生常分布于丘陵、山坡低地、路旁草地及低山灌木丛中。对土壤要求不严,无论肥瘠都能正常生长,但以土层深厚、肥沃湿润、排水良好的沙壤土或夹沙土栽种为好。可利用田边地角,房前屋后,便于灌溉管理的地方种植。

(2)温度 为亚热带、温带植物。对气温的适应性强,既耐寒也耐热,冬季 –15℃ 左右能安全越冬,夏季 38℃ 的高温亦能正常生长发育。但在海拔较高地区种植,降霜期早,易提早落叶,休眠期增长,生长发育迟缓。

(3)水分 喜温和湿润、雨量充沛的气候条件。一般年降雨量在1 000毫米以上的地区栽培较为适宜。

(4)光照 为喜光性植物,多生长在阳光充足的环境中。过于荫蔽处,开花结果较少。

安徽宣城主产区海拔 400 米,年平均气温15.4℃～15.9℃,降雨量1 250～1 450毫米,6～7 月为梅雨期,日照时数为2 000小时,无霜期230 天;地带性黄红壤,微酸至中性。

三、栽培技术

1. 选地整地

(1)育苗地　宜选地势平坦、向阳、肥沃疏松、灌溉排水方便的地块,深翻土地,耙细整平,作1.3～1.5米宽的畦。

(2)定植地　大田成片种植宜选背风向阳、肥力中等的缓坡低山或丘陵,以土层深厚、疏松、灌溉排水方便的沙壤土为好;零星种植可栽于房前屋后、田边地角。一般不用提前深翻整地,如果利用山坡荒地种植,在种前除去杂草,砍去杂树即可。

2. 繁殖方法

可采用分株、扦插、压条及种子繁殖。生产上采用分株及扦插繁殖为主。

(1)分株繁殖　木瓜萌蘖能力强,基部常会产生许多萌蘖苗。可于初春或霜降前后,将萌蘖苗与母株间的泥土刨开,选择生长健壮,高30～60厘米的萌蘖苗,切断与母树相连的根,连同萌蘖苗的须根挖出,立即移栽即可。此法简单易行,栽植后成活率高,生产上已被普遍采用。为了取得更多的萌蘖苗,可于每年冬季落叶后,在距母株1～2米范围内,刨开表土露出侧根,每隔5～10厘米用刀割伤皮层,然后盖细土,再施以腐熟厩肥,上盖土或稻草。翌年春季,便能萌生出许多幼苗。

(2)扦插繁殖　春季萌芽前,选取优良母树上发育良好,无病虫害的1～2年生枝条,剪成20厘米左右的插穗,每枝插穗具2～3个芽节,用500～1 000毫升/立方米的吲哚丁酸溶液浸泡10～15分钟,按行株距30厘米×20厘米插于插床上,压实,浇水,盖草或搭棚遮荫。1个月左右便可生根。生根发叶后揭去盖草,加强田间管理。培育1年后,便可出圃定植。此法繁殖材料易得,可以获得大量苗木,适于大面积栽培育苗。

（3）压条繁殖　春秋二季,将近地面的健壮枝条弯压在挖松的地面上,在入土部分切割一伤口,覆土压紧,1个月左右便可生根,1年后便可在其生根部位切断移栽。

（4）种子繁殖　作种用木瓜,应在果实变黄稍软有香气时采摘,放置后熟数日,至果实完全松软时切割开,取出种子,洗净,随即播种或砂藏于0℃～5℃低温条件下至翌春播种。在作好的苗床上,按行距30厘米开播种沟,沟深12～15厘米,将种子均匀地播入沟内,覆土3～5厘米,保持土壤湿润。通常在第2年春季出苗。待苗高60～70厘米时,便可进行移栽。

3. 定植

以上繁殖材料可于春秋二季定植。按行株距2米×2米开穴,穴径和深度各50厘米,先挖松底土整平,再在每穴施腐熟厩肥、堆肥或土杂肥5～10公斤,与底土拌匀。每穴栽苗1株,栽时将苗轻轻上提,以利根系伸展,填土压实,浇定根水,再覆土稍高于地面即可。

4. 间作套种

木瓜定植后,需4～5年才能郁闭成林。在此期间可以间种玉米、花生、甘薯或其他中药材,以达到以短养长,增加经济收入。

5. 田间管理

（1）中耕除草　定植后1～2年,树未成林,易滋生杂草,故应适时中耕除草。通常每年进行3次,春秋二季各进行1次,冬前再进行1次,并结合培土,以防冻保暖,安全越冬。

（2）追肥　一般每年追肥2次,结合中耕除草进行。肥料以农家肥、堆肥为主,并适量增施磷、钾肥。通常春季成年树每株施厩肥等有机肥10～15公斤,秋末冬初结合中耕培土每株施堆肥、草木灰等15～20公斤,过磷酸钙0.4～0.6公斤。在树干周围、树冠外缘开沟环施。

（3）灌溉排水　幼苗期应保持土壤湿润，天旱应适时浇水保苗。雨季及时疏沟排水，防止积水烂根。

（4）整枝修剪　定植后，在离地面40厘米以上的分枝中，选留3个壮枝培育成为3个不同方向的主枝，除去下部萌蘖苗，以后再在各主枝叶腋间选留2～3个强壮的分枝作为副主枝，在副主枝上留抽生侧枝。每年落叶后至春季萌发前，剪去枯枝、弱枝、病虫枝、并生枝、重叠枝、徒长枝。木瓜多在2年生枝上结果，因此，每年采果后，还应剪去上年枝条的顶部，仅留30厘米左右，促使多发分枝，多开花结果。经过几年的整枝修剪，形成外圆内空，通风透光，枝条粗壮，里外都能结果的丰产树型。

四、病虫害防治

1. 病害

（1）叶枯病　主要为害叶片。发病初期叶片上出现褐色斑点，后逐渐扩大，变为黑褐色多角形病斑。7～8月高温多湿时，病斑密布全叶，导致叶片枯萎。

防治方法：①冬季清洁园地，将枯枝病叶集中烧毁，减少越冬菌源。②加强田间管理，适施磷、钾肥，增强抗病力。③雨季注意排水，降低田园湿度，冬季整枝修剪，改善通风透光条件，可减轻此病发生。④发病初期，摘除病叶，并喷1∶1∶100波尔多液，或65%代森锌可湿性粉剂400～500倍液，或50%多菌灵800倍液，能有效地控制本病的发展。

（2）锈病　为害叶片、叶柄、嫩枝和幼果。叶片发病，先在正面出现枯黄小点，后扩大成为圆形病斑，病部组织渐变厚，向叶背隆起，并长出灰褐色毛状物，破裂后散发出铁锈色粉末。后期使叶片枯死脱落，嫩梢和幼果发病，病斑症状与叶片相似，病果畸形,发病部位常开裂,多数早期落果。

防治方法:①在木瓜园周围 4 公里范围内不能栽植圆柏树,这是锈病病原菌的转生寄主。②发病时喷 25% 粉锈宁 1 500 倍液,共 2 次,第 1 次在木瓜叶展叶初期,第 2 次与第 1 次相隔 10 天后喷,展叶后 20 天停止喷药。

(3)褐腐病 主要为害果实,也能为害花和嫩梢。果实发病初期,出现褐色圆形病斑,果肉开始腐烂,后扩展到整个果实,全部烂完。有的因失水变褐色僵果,挂于枝头,经久不落。花梗或果实上的病菌,也能侵染枝条,形成溃疡斑,造成枝条枯死。

防治方法:①冬季收果后,剪除病虫枝,摘除病果,集中烧毁。②木瓜发芽前,喷 5 度石硫合剂,果期喷 50% 多菌灵 800 倍液。③防治蛀果害虫,减少伤口,防止病菌侵染。

2. 虫害

(1)吉丁虫 别名锈皮虫。幼虫蛀食主干或主枝,造成枝或全株枯死;危害果实造成斑孔或条纹。成虫危害叶片,造成缺刻。

防治方法:①冬季清园,集中处理病虫枝。②4~5 月成虫发生盛期,用 90% 晶体敌百虫 800 倍液喷洒树冠,或用 80% 敌敌畏乳油 10 倍液涂于虫孔;6~7 月幼虫孵化期用 80% 敌敌畏乳油 10 倍液涂于枝干流胶处。

(2)天牛 幼虫蛀食茎枝、树干。

防治方法:把细钢丝伸入蛀孔,将虫钩出杀死;或用棉球蘸敌敌畏乳油塞入虫孔,并涂泥封孔熏杀。

(3)蚜虫 4~9 月发生,危害嫩梢、嫩叶,严重时引起落花落果。

防治方法:用 40% 乐果乳油 1 000 倍液,或 2.5% 鱼藤精 500 倍液,或 1∶1∶10 的烟草石灰水防治。

五、采收加工

1. 采收

定植4~5年后,便可开花结果,逐年采收。采果时间以7~8月间,果皮由青绿色转为淡绿色带黄色时最好。过早,水分大,果肉薄,质坚,味涩;过迟,果肉松泡,品质差。留种木瓜可适当晚采,使其充分成熟。

2. 加工

采回的鲜果,立即倒入沸水中煮5~10分钟,捞出,晾1~2天,待外皮皱缩后,纵剖成2~4瓣。然后将果皮向下,心朝上摊放在晒席上晒2~3天后,再翻个晒至果肉全干、外皮呈紫红色发皱为止。遇阴雨天可用文火炕干。也可将木瓜洗净,略湿润后,置于木甑内蒸1个半小时,使其软化,取出趁热切片,晒干或文火烘干。

六、综合利用

木瓜为常用中药,除供中医处方调配和生产中成药外,作为增酸增色调味品,可用于烹调菜肴、制作卤菜,以及用于副食品、饮料、酿酒等。此外,贴梗海棠的根、枝叶、种子亦可供药用,随着研究的深入,其用途将会进一步扩大。

五 味 子

五味子为木兰科植物五味子或华中五味子的成熟果实。入肴调味,常作为香辛料,用于酱、卤、炖、烧肉类原料。五味子皮肉甘、酸,核中辛、苦,都有咸味。主要呈味成分为五味子素、五味子醇、五味子酯等。五味子入药,性温味酸、甘。归肺、心、肾

189

经。具有收敛固涩，益气生津，补肾宁心的功能。用于久嗽虚喘，梦遗滑精，遗尿尿频，久泻不止，自汗，盗汗，津伤口渴，短气脉虚，内热消渴，心悸失眠等。主产于吉林、辽宁、黑龙江、河北、内蒙古、山东、山西、陕西等省区。

一、植物形态

五味子为多年生木质藤本，茎为缠绕茎，长可达数米，不易折断。幼枝红褐色，老枝灰褐色。幼枝上叶互生，老枝上叶多簇生；叶片广椭圆形或倒卵形，先端急尖或渐尖，基部楔形，边缘有腺状细齿。花多为单性，雌雄同株；乳白色；雄花具雄蕊5，花药无柄，着生于细长的雄蕊柱上；雌花花被6~9片。聚合浆果，穗状；小浆果球形，成熟时红色至紫红色。果内含种子1~2粒，肾形，淡褐色有光泽（图4-5）。

图4-5　五味子

二、生物学特性

1. 生长发育习性

野生五味子成熟落地后生根发芽成母体，在母体的根茎上发出许多芽，在土壤中向四周水平或斜上生长成横走茎；而横走茎上又发出许多芽及须根，并形成新的横走茎，每条横走茎都能

190

生出许多地上茎,进行无性繁殖,逐渐形成独特的营养繁殖系。

五味子一般在 5 月中、下旬至 6 月上旬开花,花期 10～15 天,单花初展至凋萎可延续 6～8 天。其开花夜间最多,白天数目较少。果熟期 8～10 月。五味子的芽分花芽与叶芽两种,花芽为混合芽,与叶芽在外形上无明显区别。花芽生长在叶芽下面,由几片鳞片覆盖着,展叶后方能见到花芽,每个花芽可开 1～3 朵花。花芽着生在 1 年生枝的叶腋内,次年春萌发后抽出结果枝,在结果枝的基部开花结果。3 年生以上的枝条开花结果甚少。

2. 对环境的要求

五味子野生于杂木林缘、山沟溪流两岸的小乔木及灌木丛间,缠绕在其他树木上。喜阴凉湿润气候,耐寒,不耐水浸,需适度荫蔽,幼苗期尤忌烈日照射。以疏松肥沃、湿润无积水、微酸性富含腐殖质的壤土栽培为宜。

三、栽培技术

1. 选地整地

(1)育苗地 应选择土质疏松,土层深 15 厘米以上,富含腐殖质的壤土、沙壤土。松土后,每平方米施腐熟的厩肥 5 公斤左右,并与床土混匀耙细,清除杂质,整平后即可播种。

(2)定植地 可选择山坡、河谷、溪流两岸、林缘或灌木丛中,土壤肥沃、土层深厚、排水良好和通风透光的地方。选好地后,每亩施有机肥 2 000～3 000 公斤,整平耙细备用。

2. 繁殖方法

有种子、压条和扦插繁殖 3 种,以种子繁殖为主。

(1)采种 8～10 月果实成熟时采下,选留粒大、均匀一致、果实饱满的果穗作种,晒干或阴干,放于通风干燥处备用。

（2）种子处理　五味子种子胚后熟要求低温湿润条件，生产上需要低温沙藏。先将种子用温水浸泡，使果肉发胀，搓去果肉，用清水漂洗除去果肉、杂质及瘪粒。取出饱满的种子用清水浸泡 4 天左右，使种子充分吸水，浸泡期间要经常换水，以免发霉。然后捞出种子，用 250 毫克/升的赤霉素（GA）或 1% 的硫酸铜水溶液浸种 24 小时。捞出种子与湿沙按 1：2 的比例混匀。准备一木箱，箱底先垫部分细沙土，将混有沙子的种子放入箱子中，上面覆盖 10～15 厘米的细土，再盖上草，保持温度 2℃～6℃，约 1 个半月，即可取出播种。

除此以外，也可以不用赤霉素或硫酸铜处理。于 2 月份将与沙混合的种子装箱，置于室外，箱的周围用草或沙盖上，或直接挖坑，置于坑中，约 3 个月，种子裂口时，即可播种。

（3）播种时间　一般 4 月中旬到 5 月下旬播种。行距 15 厘米，横向开沟深 2～3 厘米，整平沟底，播种后覆土约 3 厘米厚，浇足水，上面再盖一层稻草以保温、保湿。每平方米用种量约 50 克。

（4）苗期管理　幼苗怕夏季烈日曝晒，必须搭好棚架遮荫。棚高 1 米左右，便于操作，保持透光度 40%～60%。经常浇水，以土壤湿度保持在 30%～40%。适时松土，除草。播种半个月后，开始出苗，苗出 60% 左右，除去覆草。当幼苗长到 3～4 片真叶时，按株距 5～7 厘米定苗。去除弱苗、病苗，留壮苗，施硫酸铵与过磷酸钙各 10 公斤/亩。此后要经常除草，翌年春季即可定植。

3. 定植

一般在 4 月下旬至 5 月上旬进行。按 100 厘米 × 50 厘米的行株距挖穴，穴深 30～40 厘米，直径 40 厘米左右，将苗木根部放入穴内，用细土埋根部，再轻轻提苗踏实，使根系舒展。灌足定根水后,再填土与地平。每穴栽苗 1 株,此后若有缺苗,应及时补苗。

4. 田间管理

(1)中耕除草　生长期间要及时中耕除草,保持土壤疏松无杂草。松土时要避免碰伤根系,并在植株基部做好树盘,便于灌水。入冬前在植株基部培土,以防冻保暖,安全越冬。

(2)搭架　五味子为缠绕藤本植物,又需要遮荫。因此,需要搭支架助其生长。最初可用绳轻绑,按右旋的方向引蔓,以后可让其自然缠绕。没有自然遮荫条件的,可以人工遮荫,但必须保证透光度70%左右。对自然遮荫过密的,要修剪部分遮荫枝以保证透光度。此外,支架必须搭牢固,以防倒塌。

(3)追肥　每年追肥 1~2 次,在展叶前和开花后各追肥 1 次。一般在距根部30~50 厘米周围开一15~20 厘米深的环状沟,每株施入腐熟的农家肥5~10 公斤以及磷、钾肥各 2 公斤左右,施肥后覆土,也可将农家肥与土混合后施入,施入后再覆土。注意开沟时不要挖断五味子的根。施肥时,结合浇水。

(4)灌溉排水　五味子喜湿润,不耐旱,也不耐涝。干旱时要勤浇水,下雨时要勤排水,以保证土壤湿润,田间又不积水。

(5)整枝修剪　对于过密枝、重叠枝、弱枝、枯枝都要剪掉。短结果枝也要剪掉。对中、长果枝可按枝条间距 8 厘米左右疏剪。每年可按上述要求修剪数次。不论何时剪枝,都应选留2~3 条营养枝作为主枝,并引蔓上架。

四、病虫害防治

(1)叶枯病　5 月下旬至 7 月上旬发病,先由叶尖或边缘干枯,逐渐扩大到整个叶面,最后叶片干枯脱落,随之果实萎缩,造成早期落果。

防治方法：①加强田间管理，注意通风透光，避免田间积水。②发病初期喷1：1：100的波尔多液，每隔7天1次；或用50%托布津1 000倍液和3%的井冈霉素5毫升/立方米交替喷雾。喷药次数可视病情确定。

（2）根腐病　5月上旬至8月上旬发病。发病时根部与地面交接处变黑腐烂，根皮脱落，叶片枯萎，甚至全株死亡，多由于田间积水造成。

防治方法：①选地势高燥排水良好的土地种植。②田间地块不能积水，下雨时要及时排水，保持土壤湿度40%左右。③发病期用50%多菌灵500～1 000倍液，或用50%托布津1 000倍液浇灌根部。

五、采收加工

1. 采收

8月下旬至10月上旬，果实由红色变为紫红色时就可以采收。熟一批采一批。采收时，轻拿轻放，不要伤果。

2. 加工

采收后，在席子或水泥地上将果实摊一薄层，自然晾干或晒干，也可以烘干。烘时温度应控制在50℃左右，不可过高，以防止挥发油散失及果实变焦，以手捏有弹性，松手后能恢复原状为宜。干后扬去果柄与杂质。

六、综合利用

五味子因其甘、酸、辛、苦、咸五味俱全而得此名，它为常用中药，供中医处方调配和生产中成药。此外，五味子浆果可酿酒或鲜食，种子榨取的脂肪油可作润滑油，全株可作调味品，同时植株还是芳香观赏植物。

乌　梅

乌梅为蔷薇科植物梅的近成熟果实,又名酸梅、梅实、合汉梅、梅子等。入肴调味,可增酸增色,促进食欲。乌梅气微香,味酸略甜。主要呈味成分为柠檬酸、琥珀酸、苹果酸、酒石酸等。乌梅入药,性平味酸、涩。归肝、脾、肺、大肠经。具有敛肺,涩肠,生津,安蛔的功能。用于肺虚久咳,久痢滑肠,虚热消渴,蛔厥呕吐腹痛,胆道蛔虫症等。广泛分布于长江流域、华中、华南、西南一带,主产于四川、浙江、福建、湖南、贵州等地。东南亚各国、朝鲜、日本也有栽培。

图4-6　梅

一、植物形态

多年生落叶乔木或灌木,株高 4～10 米,树皮灰棕色,中部多生刺状枝,小枝细长,绿色。单叶互生,具短柄,叶片椭圆状卵形,先端长渐尖呈尾状,基部宽楔形,边缘有细锯齿,嫩时两面被柔毛,老时光滑。花先叶开放,有香气,1～3 朵簇生于 2 年生侧枝叶腋,花梗甚短,萼片钟状,5 裂,下有棕色膜质小鳞片;花冠白色或淡红色,花瓣5,平展,宽倒卵形;雄蕊多数,雌蕊通常 1

195

枚,子房卵形,密被柔毛,花柱丝状,柱头头状。核果球形,直径2～3厘米,一侧有浅槽,熟后黄色。种仁1粒。花期1～2月,果期5～6月(图4-6)。

二、生物学特性

乌梅适应性强,能耐寒,以温暖湿润、阳光充足的气候环境为好。分布地区平均气温为16℃～23℃,生长期4～10月的平均气温为19℃～21℃;年降雨量1 000毫米以上。早春气温骤然升高时,常会提早开花;如开花后温度下降到0℃以下,或昼夜温差较大,幼果容易脱落。花期如遇久雨、大风,会大量落花,影响产量。对土壤要求不严,但在土层深厚、排水良好、疏松肥沃、微酸性或中性的沙壤土上生长良好。质地粘重或低洼积水地,不利于植株生长,往往出现枝叶徒长,长势早衰,落花落果严重。

三、栽培技术

1. 选地整地

(1)育苗地 选择地势平坦、土层深厚、排水良好、疏松肥沃的沙质壤土,而且靠近水源的地方。于播种前深翻土壤,整平耙细,施足基肥,作成1.3米宽的高畦。

(2)定植地 宜选背风向阳的丘陵地、低山地或房前屋后栽植。坡地种植采取梯田、鱼鳞坑等方式保持水土。秋季全面垦复1次,清除杂物。冬季开穴,株行距因土壤肥力而异。土壤较为贫瘠的山坡地为3米×3米;中等肥力的土地为4米×4米。穴宽70厘米,深60厘米。每穴施入腐熟的厩肥15～20公斤,和穴土混合均匀作基肥。

2. 繁殖方法

乌梅可以采用种子繁殖和嫁接繁殖。但用种子育苗栽培需要 7 ~ 8 年才开始结果,且常会发生变异。目前多用嫁接繁殖,定植后 2 ~ 3 年就能结果。

(1)种子繁殖

①采种。选择生长旺盛,无病虫害,结果早,果大肉厚,产量高的植株作留种母株。6 月采收完全成熟的果实,堆积沤烂后洗净果肉,阴干,贮藏备用。

②播种育苗。冬季或早春 2 月播种。播种前在整好的苗床畦上按行距 30 厘米开横沟,沟深 8 ~ 10 厘米,在沟内播种子 20 粒,施人畜粪水与土杂肥,盖土与畦面齐平。注意保持苗床湿润,以保证正常出苗。苗期进行中耕除草,追施人畜粪水或硫酸铵 2 ~ 3 次。培育 1 年,苗高达 70 ~ 100 厘米时可移栽。

(2)嫁接繁殖　砧木采用 1 ~ 2 年生健壮的杏、山杏或梅的实生苗,接穗则选已开花结果的优良品种,采发育充实、饱满的当年生梅营养技。嫁接时期和方法:芽接于 7 ~ 8 月选阴天进行,采用 T 字形接法;枝接于早春 2 ~ 3 月进行,采用切接法。芽接成活后要及时松绑和剪砧。

在小满开始摘心,可促使侧枝生长,有利多发新枝,提高单株产量。

3. 定植

秋季落叶后或春季萌芽前为定植适期。宜选雨后刚晴或阴天起苗移栽。在整好的地上,每穴栽苗 1 株。栽植时要使根系伸展开,盖土压紧,再盖细土稍高于地面,并立即浇足定根水,使穴内土壤保持湿润,以利成活。

4. 田间管理

(1)中耕除草　种植后 3 年内,植株矮小,株行间空隙大,易滋生杂草,如没有种植间作物,每年要进行多次中耕除草,如种有间作物则结合间作物中耕除草同时进行,以保持地内无杂草。在山坡地,为防止水土流失,对全垦种植地宜用草覆盖。冬季将杂草割除埋入土中,以补充土壤有机质,利于改良土壤结构和根群生长。成年结果树每年中耕除草2次,第1次在3~4月,第2次在9~10月。

(2)追肥　幼龄树每年抽梢3~4次,为了促进枝壮叶茂,在每次新梢萌出前要施促梢肥。施用水肥宜先稀后浓,勤施薄施,每株每次施入人粪尿2~3公斤,加适量磷、钾肥。先在树冠外围开环状浅沟,肥料施入沟内,再覆土盖肥。

成年树一般每年施肥3次。花前肥,占全年施肥量的20%;采果肥占30%,以恢复树势,促进花芽分化,这两次均以速效肥为主。落叶后施冬肥,宜重施,占全年用量的50%,肥料以腐熟堆肥、厩肥、垃圾肥、河塘泥等有机肥为主,辅以磷、钾肥,开沟施下,施后培土。施肥量应根据树的大小、土壤肥瘦、生长情况来决定。氮肥宜少施,以免枝叶徒长,影响结果。

(3)灌溉排水　梅根系虽然发达,但分布较浅,耐湿抗旱能力较弱。梅雨季节,雨水过多,应及时排除积水。在高温干旱季节,土壤缺水,会引起落叶,应及时浇灌,如有条件,可在园内铺草,以降温保湿。

(4)整枝修剪　梅的萌发力极强,任其自然生长,枝条杂乱无章,通风透光不良,只能在树冠外围少量结果,且树冠内膛的小枝易枯死。因此,每年冬季都要修剪整枝,第1年在离地面60~80厘米处剪去顶梢,保留3~4个主枝,使之斜伸开展。第2年冬季再在主枝上选留3~4个壮枝,培育为副主枝。以后在副主枝上再选留3~4个侧枝。通过2~3年的整形修剪,使树形成自然开心形。成年树每年冬季还要剪去病虫害枝、枯枝、徒长枝、过密瘦弱枝及生长不均匀的交错枝。

梅以1~2年生枝条上的短果枝结果为主。在每年采果后

198

要进行 1 次重剪,以促使形成众多发育充实的新果枝,为翌年多开花结果打下基础。对 1 年生强健枝条,可保留下部5~6个芽,剪去上部(即适当地进行轻剪),促使下部枝条形成短果枝结果。

五、病虫害防治

1. 病害

(1)炭疽病　为害叶部。发病初期,叶片上出现黄褐色小斑,后扩展成不规则的大斑,边缘黄褐色,微隆起,中心略下陷,散生小黑点,后期部分病斑穿孔。病原菌以分生孢子盘和分生孢子在病叶上越冬。翌年 4 月下旬开始发病,6~8 月盛发,10月后停止。高温高湿条件下发病严重。

防治方法:①结合冬季修剪,清除枯枝落叶,集中烧毁。②发病前喷洒 1∶1∶100 波尔多液1~2 次,保护新梢;发病后喷洒50% 甲基托布津1 000倍液或 50% 多菌灵1 000倍液,每隔7 天 1 次,连续喷2~3 次。

(2)乌梅黑点病　主要危害果实,其次危害叶片和枝梢。果实发病多在果柄周围至果实肩部,形成黑绿色至黑褐色的果形小斑点,病菌只在果实表皮组织危害,不深入果肉中,病部稍隆起,严重时数个病斑聚合成片,表面发生干裂,影响果实外观。叶片受害后,呈现紫褐色至暗褐色长圆形病斑,病部隆起,病菌只在枝梢表层危害,不深入内部。该病菌以菌丝体在枝梢病部越冬,第 2 年 4~5 月产生新的分生孢子,经风雨传播。

防治方法:①加强培育管理,避免偏施氮肥,重视增施有机肥和磷、钾肥,以增强树势。②结合冬季修剪,剪除病枝,烧毁,减少病菌来源。③花芽萌动前 1 月喷 1 次波美 5 度石硫合剂;

展叶后至采收前每隔 10 天喷 1 次 65% 代森锌可湿性粉剂 500 倍液,或 50% 托布津可湿性粉剂500 ~ 600 倍液,或 50% 多菌灵可湿性粉剂600 ~ 800 倍液。

2. 虫害

(1)桃红颈天牛　成虫 6 ~ 7 月出现,白昼在干、枝上静伏、爬行或交尾,卵产于枝干被咬伤的裂口中。7 月中、下旬孵化,初孵幼虫在皮下蛀食,长大后蛀入木质部,虫道弯曲,由上而下,并有排粪孔,排出大量红褐色锯末状虫粪,严重时主干蛀空,植株枯死。2 ~ 3 年发生 1 代,以幼虫在被害枝干内越冬。

防治方法:①人工捕杀成虫以及在树干裂口处刮除卵粒。②将蘸有 80% 敌敌畏原液的棉球塞入蛀孔,用湿泥封口,毒杀幼虫。

(2)桃粉蚜　成虫、若虫密集在新梢和嫩叶上吸取汁液,致使新梢嫩叶变厚呈拳状卷缩,有时脱落,影响花芽分化。6 ~ 7 月为害最烈。虫体被有白粉,分泌蜜露,常发生煤烟病。

防治方法:①在梅园内放养七星瓢虫、大草蛉、大型食蚜蝇等天敌,能较好地控制桃粉蚜发生。②用 2.5% 溴氰菊酯 2 000 ~ 3 000倍液或 25% 亚胺硫磷1 000 倍液喷洒,每隔 7 天 1 次,连续喷2 ~ 3 次。

(3)桑白蚧　雌成虫和若虫群集固着在枝、干上吮吸养分,偶有危害果实和叶片。为害严重时,介壳密集重叠,造成枝条表面凹凸不平,长势衰弱,甚至整株枯死。该虫一旦发生,如不及时进行有效的防治,3 ~ 5 年即可将梅园毁掉。

防治方法:①检疫苗木、接穗,防止扩大蔓延。②结合整枝,剪除被害严重的枝条,集中烧毁。③保护金黄蚜小蜂、介壳蚜小蜂等天敌。④盛孵期喷 50% 氧化乐果或 50% 马拉硫磷乳剂 1 000倍液,每隔 7 天 1 次,连续喷2 ~ 3 次。

五、采收加工

1. 采收

5~6月间,当果实呈黄白或青黄色,尚未完全成熟时采摘,忌用竹竿击落。采回鲜果应及时加工,切勿长时间堆放或堆积过厚,以防腐烂。

2. 加工

鲜果采回后轻放炕上;厚20厘米左右用无烟煤烘炕。烘炕时火力要大,不要停火,也不要翻动。烘3天3夜,待下层已干,上层果实已皱皮时,先轻轻将上层未干的取出,再把下层已干的全部取出,然后把没有干的放置炕底层,上面加鲜梅子,继续烘炕。如此轮流取放,炕完为止。此外,也可采用把鲜果放置阳光下晒干的方法。

六、综合利用

乌梅为常用中药材,也是卫生部确定的药食共用品。除供中医处方调配和生产中成药外,还是话梅、陈皮梅、酸梅粉等果脯及饮料的重要原料。乌梅味酸甜,营养丰富,是著名水果,也被作为增酸增色食用调味品使用,近年来大量销往港澳及日本市场,因此,种植乌梅具有较好的社会效益和经济效益。

豆　　蔻

豆蔻为姜科植物爪哇白豆蔻和白豆蔻的成熟果实,又名白豆蔻、圆豆蔻。按产地不同分为原豆蔻和印尼白蔻。入肴调味,可去腥除腻,增香赋味,增进食欲。并可用来配制五香粉、咖喱粉、卤料等复合香辛料。豆蔻具有浓郁芳香气,味略辛稍有辣感,高浓度下微具苦味。主要呈味成分为桉叶油素、芳樟醇、柠檬烯等。豆蔻入药,性温味辛。归肺、脾、肾经。具有化湿消痞,行气温中,开胃消食的功能。用于湿浊中阻,不思饮食,湿温初起,胸闷不饥,寒湿呕逆,胸腹胀痛,食积不消等。豆蔻原产热带,分布于泰国、越南、老挝、柬埔寨、斯里兰卡及南美等地。我国海南、广东、广西、云南西双版纳已引种栽培成功。

一、植物形态

爪哇白豆蔻为多年生草本植物。株高1.4～1.7米。根茎

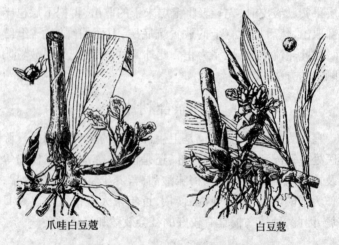

爪哇白豆蔻　　　　　　　　　　白豆蔻

图4-7　爪哇白豆蔻及白豆蔻

匍匐,粗大有节,从节部长出须根。茎直立,圆柱状。叶二列,披针形,叶鞘边缘薄纸质,无叶柄;叶全缘波形,两面光滑,叶舌短,暗红色,有绒毛。穗状花序,从根茎抽出,顶端着生24朵以上小的唇形花,花冠透明黄色,唇瓣中部质厚色黄,带赤色;雄蕊1,雌蕊1,子房下位,被有绢毛。蒴果近圆形或扁球形,直径1.2～

1.4 厘米,幼果红色,成熟后黄白色;种子呈不规则三面体,黑褐色。

白豆蔻株高约 2 米。根茎粗壮,棕红色。叶鞘边缘及叶舌均具棕色长柔毛。花序大,长 7～14 厘米,苞片较大,土黄色,被柔毛,花唇瓣中肋为黄色。蒴果幼时鲜白色,成熟后土黄色,被柔毛(图 4-7)。

二、生物学特性

两种白豆蔻在形态及生长特性上都极相似,而以爪哇白豆蔻质量较好。

1. 生长发育习性

爪哇白豆蔻幼苗生长较缓慢,在苗圃中大约生长 3～5 月,开始从根部抽出新的幼笋,到 1 年左右 1 株新苗可抽出 3～5 株新笋,形成 30 厘米高的株丛,这时可从苗圃移苗定植。定植 2 年开始开花、结果。我国海南岛、西双版纳栽培区,由于气候温暖,全年都可抽笋,抽出花序,现蕾开花,但以 20℃～24℃的早春季节为开花盛期。温度适宜,每花序开花时间约持续 5 周,每天清晨 6 时花朵开放,9 时开始撒粉,下午 1～2 时凋谢,每天每花序开花 1～3 朵。子房受精后,膨大结果,从花到果实成熟约需 3 个月时间。开花时间不一,果实成熟时间也不同,8～9 月份为果实主要成熟期。

2. 对环境的要求

(1)土壤 爪哇白豆蔻属浅根系植物,根茎、须根多在土壤浅表层,而且根系发达,故喜欢疏松肥沃,富含有机质的沙质壤土或壤土,而且要求透气排水性好;土壤过于粘重,透气透水性差,或者过于沙砾都不宜种植。

(2)温度 爪哇白豆蔻原产热带山区,对温度非常敏感。

在引种地海南岛,年平均气温23.2℃～24.2℃,最冷月平均气温16.7℃～21.1℃;在云南西双版纳景洪,海拔552.7米,年平均气温21.8℃,最冷月平均气温15.6℃,都能正常生长,开花结果。气温低于4℃,叶片出现冻害;气温到0℃,地上部分全部死亡。气温高于35℃,短期极高温达41℃时,在荫蔽条件下,植株仍生长正常。气温低于20℃,花序开花期延长。

(3)水分　爪哇白豆蔻喜欢湿润环境,土壤含水量不得低于20%,特别是花果期,不但土壤要有一定湿度,而且空气相对湿度要在80%以上,才能保证自然授粉和人工授粉率高。种植应选择靠近水源,或在开花季节降雨多的地区。

(4)日照　爪哇白豆蔻需在一定荫蔽条件下生长,不宜直接暴露在阳光下。如果直晒,叶片易灼伤,植株生长短小,甚至枯萎;但如果荫蔽过度,分蘖率又会过低,成株数和抽花序数都会减少。因此,需要有适宜荫蔽度,幼苗期荫蔽程度要高一些,成株后适当疏减遮荫物。

三、栽培技术

1. 选地整地

育苗地选择温暖、潮湿的环境。最好要有树冠大、落叶易腐烂的阔叶树作荫蔽,荫蔽度在70%～80%。定植地宜选择近水源、荫蔽条件好、几面环山、面向东南的坡地,作成等高梯田。如在平原种植,必须先种好荫蔽树。

2. 繁殖方法

有种子繁殖和分株繁殖两种方法。目前,人工种植主要是靠种子繁殖。

(1)种子繁殖

①采种。爪哇白豆蔻种子的成熟程度不同,发芽能力也相

差很远,因此,应选充分成熟、粒大饱满的鲜果作种。采摘成熟果实,除去果壳,放在粗糙的水泥地上与沙子混合后搓去果肉,再用水冲净,室温下阴干备用。爪哇白豆蔻种子、种胚都很细小,极容易脱水而失去发芽能力。因此,新鲜成熟种子发芽率最高。如要存放,常用含水量5%湿沙混合贮藏。

②种子处理。播种前,先用湿沙与种子拌匀置露天催芽,10天左右见芽点萌出,再淘出种子播种育苗,这样可提高出芽率,提早出芽。

③育苗。将选好的苗圃地深耕耙平,作成1～1.3米宽,高10厘米的畦,以12厘米宽、2厘米深开沟条播,每沟播种80～100粒,盖1层薄土,浇透水,盖上稻草保墒。10天后出苗,揭去稻草,搭棚遮荫。苗期用稀粪水施肥,每半月1次。长到3～4片叶时,按株距10厘米间苗,多余的连土挖起,移往新苗圃,注意浇水遮荫。

(2)分株繁殖　从大田株丛中,选择3～5条根茎相连在一起的壮实幼龄植株,用小刀将与母丛相连的根茎切断后拔出,便可直接定植。母丛伤根少,翌年仍继续开花结果。

3. 定植

当苗高30厘米左右,从根部抽出3～4棵新笋时,可移往大田定植。按1米×1.5米的株行距开穴,长、宽、深均为30厘米,施腐熟堆肥、厩肥15公斤作基肥,每穴栽苗1株。植后深培土,压紧,浇透水,覆盖稻草。每亩约植苗300～400株。

4. 田间管理

(1)中耕除草　定植后到植株开花前,每年除草4～5次,并结合中耕松土,中耕要浅,株丛内及周围的杂草用手拔除为宜,以免损伤幼笋和须根。到植株开花结果阶段,要及时清除丛内杂草和枯株落叶。7～9月收果后,割除枯、病、残株,保持田间清洁,以利抽新笋和防止病虫害。

（2）追肥培土 定植后20天即开始施肥,夏季每半月施水肥1次;冬季每亩用堆肥2 000公斤、硫酸铵3公斤、人粪尿300公斤混匀追施在株丛旁,施肥后注意培土。当开花结果后,每季度施肥1次,春季施混合肥,以促进抽笋、抽花蕾;夏季施速效肥,要少量多次施肥;冬季施混合堆肥,以提高第2年开花结果率。

（3）灌溉排水 爪哇白豆蔻是浅根植物,不耐旱,要经常保持土壤湿润,旱季注意浇水,雨季及时排涝以防烂根。

（4）人工授粉 由于爪哇白豆蔻花柱头细长,花药较短,自然授粉率低,需借助于虫媒传粉或人工授粉。一般在缺乏有效传授花粉昆虫的地区种植,其自然成果率仅为0.2%～0.6%;通过人工辅助授粉,其成果率可达35%左右。云南西双版纳种植爪哇白豆蔻的传粉昆虫主要有黄绿彩带蜂、埃氏彩带蜂、芦蜂等。在海南种植区,缺少传粉虫媒,必须进行人工授粉。其方法是在上午9时到中午1时,花开始撒粉时用小竹片或用食（拇）指伸入唇瓣中刮取花粉抹在花柱头上。采用人工异花授粉,可大大提高成果率。

四、病虫害防治

1. 病害

（1）茎腐病 主要发生在高温、多雨季节,表现为茎基部腐烂,使地上部软倒死亡,此病发展很快,可迅速蔓延至整丛,甚至邻株。

防治方法:①雨季注意田间排水。②及时挖除病株,并烧毁。③病丛病穴撒生石灰或喷1:1.2:100波尔多液。

（2）猝倒病 又名立枯病。主要发生在育苗期,染病后与土面交界处茎缢缩并倒伏,病菌随着流水重复侵染健壮植株,病害蔓延很快,是苗期的一种毁灭性病害。

防治方法:①选择新地育苗。②播种前用退菌特或代森锌进行土壤消毒。③发现病株及时挖除,用1∶1.2∶100波尔多液喷植株可起一定防治作用。

(3)叶斑病　苗期及成龄植株均会发生,主要为害叶片,病斑呈褐色深浅相间的水纹状斑纹,病菌随流水进行重复感染。

防治方法:①新地育苗。②染病地段喷炭疽福美500～1 000倍液。

(4)烂花烂果病　病因不详,高温、多雨季节易发生,花序基部及果实在苞片的裸露处呈水渍状灰色斑块,加重后果皮呈暗褐色,果壳暴裂,嫩种子呈米黄色而腐烂,蔓延至整个花序干枯而死。

防治方法:选择地势高燥地块种植;注意排水。

2. 虫害

主要是鞘翅目害虫,为害叶片,叶片被害后,呈现许多缺刻及不规则的空洞。白天一般均躲在卷缩的干叶内。

防治方法:经常剪除枯株干叶并集中烧毁。

五、采收加工

1. 采收

在7～8月,果实大量成熟,用剪刀剪下果穗。注意勿用手摘,以免撕裂根茎皮部。

2. 加工

将剪下的果穗充分晒干或烘干即可。每亩可收干果20～26公斤。

六、综合利用

豆蔻为常用小品种药材,除供中医处方调配和生产中成药外,还被广泛用作食用辛香调味品。此外,豆蔻壳、花均可入药。近年来豆蔻市场供求基本平衡,价格稳定。

肉 豆 蔻

肉豆蔻为肉豆蔻科植物肉豆蔻的种仁,又名肉果、玉果;假种皮亦可入药,称肉豆蔻衣。入肴调味,可矫臭抑腥,赋味添香,增进食欲。国内多用于动物性原料,常采用卤、烧、熏、烤等技法。肉豆蔻具有特殊香气,温和而辛,略具甜味。主要呈味成分为肉豆蔻醚、香叶醇、芳樟醇、龙脑等。肉豆蔻入药,性温味辛。归脾、胃、大肠经。具有温中行气,涩肠止泻的功能。用于脾胃虚寒,久泻不止,脘腹胀痛,食少呕吐等。主产于印尼、马来西亚、印度等东南亚热带地区。我国台湾、广东、广西、云南、海南等热带地区有引种栽培。

图4-8 肉豆蔻

一、植物形态

高大常绿乔木,株高可达12~20米。单叶互生,具短柄,叶近革质,椭圆状披针形或长圆状披针形,长8~18厘米,全缘,先端渐尖,基部楔形。花单性,雌雄异株,总状花序腋生,雄花序有花1~6朵,花被壶形,小苞片鳞片状,花疏生,黄白色,雄蕊多数,联合成柱状;雌花序有花1~3朵,花被长6~8毫米,子房上位,柱头二浅裂,雌花较雄花大。果实肉质,近球形或梨形,淡黄色光滑,成熟后纵裂成两瓣,个别4瓣裂。种子长椭圆形,每果1枚,极少2枚,有浅色纵沟及不规则肉状假种皮,熟时鲜红色,种皮硬,红褐色或深棕色(图4-8)。

二、生物学特性

1. 生长发育习性

肉豆蔻种子的成熟程度直接影响到发芽出苗能力,中熟及未熟的种子,播后均不出苗,只有采摘充分成熟的种子播种,才有较高的发芽出苗率。定植后前3年,植株生长缓慢,年增高20~40厘米;第4年开始加速长高,年增高40厘米以上,第5年全部分枝可达到3级分枝,约30%植株可现蕾开花;7年生有63%以上植株开花结果。开花结果数量随株龄增加而增多。花芽形成至开花,雄花需39~103天,雌花平均需93天,未授粉的花约7~8天便凋落。雌花授粉后的半个月,子房渐膨大形成浅绿色果实,成熟时转为浅黄色并开裂,果实发育期在300天以上,种子才充分成熟。

2. 对环境的要求

(1)土壤 要求腐殖质含量多,土层深厚、肥沃、疏松、保水、排水好的微酸性至中性沙壤土、壤土等,地势以海拔低、避风的山谷、盆地为好。

（2）温度　种子发芽需较高气温,在苗床上日均温27℃～32℃时,播种后2个月左右出苗,日均温降至20℃时就不会发芽出苗。幼苗生长亦对温度非常敏感,月均温低于20℃,极端低温低于14℃时,幼苗生长停滞,适宜幼苗生长的温度在24℃～29℃,成龄树较幼树稍耐低温。枝条全年均可抽梢生长,抽梢盛期集中在春、夏、秋3个季节,当月均温度低于20℃,抽梢停止。一年四季都可开花、结果,夏、秋季为花果盛期,开花适宜温度25℃～27.5℃,月均温度低于23℃,花的发育期显著延长。

（3）水分　幼苗期根系不发达,生长缓慢,怕干旱,也怕积水。成龄树根系虽已发育很好,但肉豆蔻属浅根系植物,仍怕干旱和根系积水,适宜在年降雨量为1 700～2 300毫米的地区生长,且雨季分布较均匀。

（4）光照　幼苗喜生活在荫蔽的环境,一年生幼苗约需75%的荫蔽度,如在阳光直射下,生长缓慢,植株矮小,叶片干枯甚至死亡。成龄树喜光,充足的光照使植株生长健壮,开花结果多。

三、栽培技术

1. 选地整地

（1）育苗地　宜选择温暖、避风荫蔽、近水源的谷地、盆地;土质应疏松肥沃、排水性能好、能保水保温,以火烧土、牛粪、椰糠加少量沙拌匀作苗圃基质,育苗效果较好。可将基质作成1～1.2米宽、高20厘米的畦。

（2）定植地　宜选择海拔低、温暖、背风向阳、土层深厚、疏松肥沃、排水良好的山谷、盆地四周种植。大面积造林,则于种植前全垦,再挖穴定植,如与其他林木间种,则直接挖穴种植,按行株距 5 米 × 4 米,穴径 60 厘米,深 60 厘米开穴,每穴施入 30 ~ 50 公斤腐熟的堆肥或厩肥作基肥,拌土后盖上备植。

2. 繁殖方法

主要用种子育苗移栽繁殖,较少使用无性繁殖。

(1)采种 选择高产稳产、粒大种仁饱满、无病虫害的优良母树采种。果实必须完全成熟自然开裂时才能采收。

(2)播种 种子经湿沙贮藏,对萌芽有促进作用,出芽率显著提高。温度在27℃ ~ 29℃的6 ~ 8 月,出芽时间最短,因此应选择夏季至初秋高温期育苗,按 10 厘米 × 5 厘米的行株距点播,将湿沙贮藏 96 小时的种子,种脐朝下按入育苗基质中,以不见种子为度。常浇水保持土质湿润,全荫蔽育苗 30 天即开始发芽,40 天达发芽高峰期,75 天发芽结束。

(3)幼苗期管理 幼苗主根粗壮,侧很少,怕干旱,苗期要勤浇水。当幼苗长到始叶期或第一轮叶片稳定时即进行疏苗移栽。可移入装有基质的营养袋培育,也可在苗圃培育。幼苗宜在75% 荫蔽度的荫棚里,每株幼苗每月施复合肥水 100 毫升,至第 4 个月起,施 300 毫升;注意温度变化,若连续出现 3 天以上低于14℃的低温天气,应人工加温防寒,冬季加塑料薄膜罩育苗,可提高小环境温度,降低寒害率,确保苗木安全越冬。

一般在苗圃培育半年以上,苗高 30 厘米时即可出圃定植。

3. 定植

在春季 3 ~ 4 月或秋季 8 ~ 10 月选择阴雨天移栽,在整好的地上,每穴 1 株,填土压实,浇水。

4. 田间管理

(1)中耕除草 幼树期间要勤中耕除草,每年进行 3 ~ 5 次,将杂草埋入土内作绿肥。

（2）追肥　结合每次中耕进行施肥，以施入有机肥为主，适当加用尿素等速效肥料，施肥量随树龄增加而增加。入冬前要控施氮肥，增施磷肥、钾肥，以增加植株抗病抗寒能力。肥料可行沟施或盘施。

（3）荫蔽　幼树需适当荫蔽，可搭遮荫棚或种植遮荫树。

（4）防风　肉豆蔻系浅根系植物，树冠大，根系浅，惧风害。因此，种植时应选择避风处或种植防风林带，以防台风等为害。

（5）防寒　肉豆蔻对温度敏感，尤其怕低温。低于 14℃ 的低温天气，应采取防寒措施。首先，种植地宜选择背风向阳，有完整防护林，小气候环境温暖的地方栽培；培育壮苗，适当增施磷、钾肥，增强植株抗寒力；寒流来前，搭设防风障，高度以高出苗木为宜；温度低于 5℃ 时，幼树用塑料薄膜袋套住苗木保温防寒，寒流一旦过去，温度升高要及时揭开塑料袋，以防灼伤；寒流过去，及时剪除冻死枝条，加强水肥管理，促使新枝萌发。

四、病虫害防治

（1）橘粉蚧壳虫　以成虫或若虫吸食茎叶汁液，被害叶片变黄，生长受阻。小苗受害率可达 35%。防治方法：用 40% 氧化乐果 1 500 倍液喷雾。

（2）毛虫　幼虫为害叶片。先为害嫩叶，后为害老叶。防治方法：用敌百虫 100 倍液喷杀。

五、采收加工

1. 采收

肉豆蔻全年均有果实成熟，但 5~7 月和 10~12 月为 2 次果熟盛期。采摘果皮变黄开裂成熟的果实，集中加工。

2. 加工

去掉果皮,剥下假种皮另外加工。将种仁用低于45℃的低温慢慢烘干,常翻动使受热均匀,烘至种仁摇动得响即可。种仁含挥发油,因此,温度不宜高,否则挥发油丧失,质量下降。

肉豆蔻假种皮摊晾风干,到表皮皱缩时再压扁晒干,从鲜红色变为橙红色即得肉豆蔻衣。

六、综合利用

肉豆蔻是重要的药用植物及经济作物。在世界不同文化、不同民族、不同地区或国家的人们均用其作为药物治疗疾病及用作食品调料。肉豆蔻种仁和假种皮含有丰富的挥发油,除作药用外,还广泛作调味剂和日用化妆品的香料。肉豆蔻叶含挥发油1.4%,虽含油量不高,但其产量可观,四季可收,且较种仁易得,其化学成分与种仁相似,因此,也可考虑综合利用。

芥　子

芥子为十字花科植物芥菜的种子,种子有白芥子、黄芥子之分。烹调中取其种子制芥末或提取芥末精油以调和滋味。芥末具有刺激的热感、辛辣味以及冲鼻和催泪作用。其主要呈味成分白芥子为白芥子甙、芥子酶、芥子碱等;黄芥子为芥子甙、芥子酶、芥子酸、芥子碱等。芥子入药,性温味辛。归肺经。有温中散寒,利气豁痰,通经络,消肿毒的功效。用于胃寒吐食,心腹疼痛,肺寒咳嗽,胸满胁痛,慢性支气管炎等。全国各地均有栽培,以河南、安徽产量最大。

一、植物形态

1年生或2年生草本,高30～100厘米。茎直立,多分枝,幼枝被微毛,老枝光滑,有时微被白粉。基生叶大,呈羽状分裂,先端裂片特别长大,两侧裂片甚小;茎上部的叶不分裂,披针形至线形。总状花序多数,聚成圆锥状;花萼4,绿色;花瓣4,略向外展,呈十字形,鲜黄色;雄蕊6;子房长圆形。长角果光滑无毛,无明显的喙,花期4～6月,果期5～8月(图4-9)。

图4-9 芥菜

二、生物学特性

喜肥沃湿润的沙质壤土或壤土,忌瘠薄、低洼的积水地。喜阳光,较耐干旱,但适当的水、肥条件能使芥菜在产量、质量两方面取得较好的效果。

三、栽培技术

1. 选地整地

选平整、肥沃、排水良好的土地,施基肥后翻耕、耙平,以行距 30 厘米开浅沟,沟深约 5 厘米,进行播种。

2. 繁殖方法

用种子繁殖。一般进行春播。播种前,先将种子在 15% 食盐水中浸泡 20 分钟,捞出,洗去盐分,或在 30℃温水中浸泡2～4 小时,取出,控去水分稍晾干,拌以倍量细土(南方可拌草木灰),进行条播,播后覆土 10 厘米,稍加镇压后浇透水。

3. 田间管理

播种后,10～15 天开始出苗,苗高 15 厘米左右进行间苗,株距10～15 厘米留壮苗1～2 株。定苗后,追肥 1 次,并进行浇水,浇水次数视土壤干湿程度而定。生长期间忌施过量氮肥,以防枝叶徒长。

四、病虫害防治

1. 油菜炭疽病

发病时,叶上有小圆斑,最初呈苍白色水渍状,逐渐扩大,遍及整片叶片。

防治方法:发病初期喷 70% 代森锰锌可湿性粉剂500～800倍液,或 50% 多菌灵可湿性粉剂 500 倍液。

2. 油菜菌核病

发病时幼苗植株有红褐色斑点,逐渐扩大转为白色,成年植株发病时植株下部叶片黄化,至全叶腐烂。

防治方法:①忌连作,与禾本科植物轮作为好。②喷40%纹枯利可湿性粉剂1 000～2 000倍液,或喷3%纹枯利粉,或50%多菌灵可湿性粉剂500倍液。

其他还有黄条跳甲、蚜虫、粉蝶、白茶叶甲等,多在春季发生。

五、采收加工

春播于7～8月采收,秋播于翌年5月中、下旬采收。待果实大部分基本现黄色时割下全株,后熟数日(切勿待其十分成熟时才割,这时果实一触即裂,易造成损失)。完成后熟的果实,选晴天晒干,打下种子,簸除杂质即可。

六、综合利用

芥子为常用辛辣味调味品,入肴调味多将其磨成粉,再加温开水拌成稠糊,在室温下焖制(或称酶解)1～2小时,待发出强烈辛辣味后即可使用。也可配以适量醋、香油、糖以增加光泽,除苦味,赋酸香。芥末糊多用于凉拌菜肴中,也可做味碟,用以蘸食菜肴、水饺等,其风味独特、爽口。此外,还可将芥末蒸馏收取精油,再配以色拉油制成芥末油出售,它较芥末糊使用更为方便。

芥子作为药食共用品,目前市场行情稳中有升,宜根据市场需求发展种植。

花　　椒

花椒为芸香科植物花椒的果皮,又名蜀椒、岩椒、金黄椒。入肴调味,可去腥除异,增香和味。可独立调香,亦可与其他调味品配合使用,还可用来配制复合香辛料。花椒气芳香,味微甜,辛温麻辣。主要呈味成分为花椒油素、柠檬烯、花椒烯、水芹烯、香叶醇等。花椒入药,性温味辛。归肺、脾、胃经。具有温中止痛,杀虫止痒的功能。用于脘腹冷痛,呕吐泄泻,虫积腹痛,蛔虫症;外治湿疹瘙痒等。主产四川、河北、河南、山西、陕西、甘肃等省,黑龙江、湖北、湖南、青海、广西等地亦产。

一、植物形态

落叶灌木或小乔木,株高3～5米。枝具宽扁而尖锐皮刺和瘤状突起。羽状复叶,互生,小叶5～9枚,卵形至卵状椭圆形,细锯齿,齿缝处有透明油点,表面无刺毛,背面中脉两侧常簇生褐色长柔毛,叶柄具窄翅。聚伞状花序顶生,花单性或杂性同株,花被片4～8,1轮,子房无柄。蓇葖果,果皮有疣状突起腺

图4-10 花椒

体,成熟时红色或紫红色,种子1~2粒,黑色有光泽。5月中旬开花,9~10月果实成熟(图4-10)。

二、生长发育环境

1. 土壤

对土壤的适应性较强,在土层深厚、疏松肥沃的沙质壤土或壤土上生长良好,尤在石灰岩发育的碱性土壤上生长最好,故多在钙质土山地造林。粘重土壤或土壤过于瘠薄和干旱也会影响生长和结实。

2. 温度

喜温暖的气候,不耐严寒。1年生的幼苗在-18℃时,枝条即受冻害;成年植株在-25℃低温时也会冻死。因此,适宜栽培在背风向阳温暖的环境。

3. 水分

喜潮湿的环境,适宜栽培在降水量400~700毫米范围的平原地区或丘陵山地。

4. 光照

花椒树喜光性较强,在庇荫条件下生长细弱,结实率低。

三、栽培技术

1. 选地整地

选土壤肥沃和排水良好的地块栽种,也可在住宅庭院零散栽培,不宜栽植在低洼易涝或山顶风口处。定植前要求深耕细耙,施入有机肥,整平。

2. 繁殖方法

用种子繁殖。

(1)采种　选择树势健壮,结实多,品质优良的中年树为采

218

种母树。9月上旬至10月上旬果皮呈紫红色,内种皮变黑色时即可采收。采收后,放置通风干燥室内,使果皮自行裂开,种子脱出黑皮,收集一起,去掉杂物。宜随采随播,或用湿沙贮藏至来春播种。

(2)种子处理　花椒种子种皮坚硬,富油质,透性差,发芽慢,发芽率低。因此,在育苗前,应进行脱脂处理。当年采收的种子进行播种时,可将种子浸泡在碱水中(种子2公斤加纯碱25克,加水淹没种子为度,搅拌均匀),2天后捞出即可播种。也可用浓硫酸浸泡种子1分钟,捞出后用清水冲洗干净即可播种。春播用的种子,可将种子用湿沙层积堆放,每隔15天翻动1次,保持一定的湿度,待播前15天,将其放在温暖处,覆草盖塑料薄膜,保湿,待种子萌动后播种;亦可用种子1份与牛粪、草木灰和黄土各1~1.5份加水搅拌均匀,做成泥饼状放置阴凉干燥室内贮藏,这样可以保持发芽能力。

(3)播种育苗　南方秋季随采随播,北方一般春季3~4月播种。在整好的地上,做长10米、宽1.5米的苗床,开沟条播。每一苗床按行距25~30厘米开沟,沟深5厘米,沟底要平。种子与沙土混合均匀,撒入沟底,覆土厚2~3厘米,上盖稻草或草帘以保持苗床湿润,1~2天洒水1次,出苗后揭去覆盖物。幼苗生长到4~5厘米进行间苗,苗距10~15厘米。幼苗生长过程中施人粪尿每亩150公斤左右,施肥必须与灌水相结合,并进行中耕除草等管理工作。1年生幼苗到100厘米左右可出圃定植。

3. 定植

定植时期春、秋两季均可,按株距1.5米,行距2米开穴栽种。每亩种200~220株。也可与核桃、栗子等生长较慢的经济树种混合栽种。尚可在果园、苗圃等四周当作绿篱,既起到保护作用,又能充分利用土地。也可用种子直接播种,经过苗期精心抚育管理可以一次成林。根据北京市房山区多年栽培的经验，秋季种子成熟采收前，在预先选定好的种植地上细致翻耕，挖直径为50～70厘米，深30～40厘米的穴，穴内施入有机肥料5公斤，与穴土拌匀，待种子完全成熟时，随采随播，每穴播入种子10粒左右，覆土1～1.5厘米。翌年春季即可出苗，幼苗高10～20厘米时间苗，每穴留1株，间出的苗可以作补植或另行造林。

4. 田间管理

（1）中耕除草　全年应进行中耕除草2～3次，可在春季和麦收前后各除草1次，雨季中耕除草时，需要把根基部的土适当堆高，以防积水影响生长。

（2）追肥　施肥1～2次，在6月施尿素或硫酸铵，以保花结果；采果后环施土杂肥、厩肥等。

（3）灌溉排水　在新梢生长、开花坐果时，一般情况下可以不灌溉，如遇天气过度干旱，也应灌水。在雨季应开沟排水。

（4）整枝修剪　为了达到高产优质，合理的修剪和整形是一项重要的管理措施。经过修剪可以调节树体结构，使之层次分明、通风透光、枝条健壮，达到控制生长发育、提高产量、延长树龄、连年丰产的目的。

①修剪时间。采果后至翌年春季芽萌动前均可，其中以采收后即进行修剪最好，有利于改善光照条件，提高光合作用机能，积累养分，充实花芽，促进分化和缓和树势，不易萌发徒长枝。具体修剪时间，可依树势强弱而定。一般幼树在进入休眠前的秋天修剪为宜；弱树老树则宜待其进入休眠期后再行修剪。

②树形。多采用自然开心形和丛状形，亦有采用圆头形和双层开心形。

自然开心形：定植后，经培育到1米左右时，留30厘米左右的主干，其上均匀留主枝3～5个，开张角50°～60°，每个主枝上培养侧枝2~3个,结果枝与结果枝组均匀地分布在主侧枝上。4~5年完成整形,最后去掉中心枝开膛即可。这种树形光照好,高产优质,一般当作丰产树形。

丛状形:栽后截干,使根颈部抽出较多枝条成丛,或1穴栽植2~3株,全部成活后自然生长成丛。这种树形的树冠形成快,早结丰产,但长成大树后,因主干多,枝条拥挤,光照差,产量下降,应疏去部分过多大枝,对内膛过密枝亦适当疏除。

圆头形和双层开心形:圆头形有明显主干,主干上自然分布较多的主枝,小枝比较拥挤,产量低,采收较困难。对于这种树形,应从四周和冠内疏去多余大枝,清膛开心,改造为双层开心形。这种树形也具有树冠开张,光照足,枝条充实,有利生长、结实、采收等优点。

③修剪方法。花椒树对修剪有良好反应,应在不同生长阶段,采用相应的修剪方法。

幼龄树:掌握整形和结果并重的原则,栽后第1年,距地面80厘米处剪截,第2年在发芽前除去树干基部30~50厘米处的枝条,并均匀保留主枝3~5个进行短截。其余枝条不行短截,只疏除密挤枝、竞争枝、细弱枝、病虫枝等,长强壮枝。

结果树:逐步疏除多余大枝,进一步完成整形工作,并对冠内枝条进行细致修剪,以疏为主,为树冠内通风透光创造良好条件。对结果枝要抑强扶弱,交错占用空间,做到内外枝条分布均匀,处处能伸进拳头,便于采收,同时还应结合短截营养枝,调整好树势。

老年树:以疏剪为主,抽大枝,去弱枝,留大芽,及时更新复壮结果枝组。去老养小,疏弱留强,以恢复树势。已衰老需更新的老树,要注意利用徒长枝,分期对骨架枝进行交替更新,既保证产量,又复壮树势。

四、病虫害防治

1. 花椒天牛

幼虫蛀食树干,严重时植株易遭风折和腐烂。成虫以刺吸器为害嫩枝叶,严重时造成树势衰弱,提前落叶,影响坐果率和结实率。

防治方法:①可用镊子或钢丝钩杀幼虫,也可由蛀口注入敌敌畏,将其幼虫杀死。②对成虫,可用 40% 乐果乳剂 1 000 ~ 1 500 倍液或 50% 马拉硫磷乳剂 1 000 ~ 2 000 倍液喷杀。

2. 黑绒金龟子

幼虫为害植株根基部皮层,成虫为害嫩叶。

防治方法:可用 40% 乐果乳剂 800 倍液喷杀。

此外,虫害还有黄凤蝶、金花虫等,用常规方法防治。

五、采收加工

1. 采收

花椒树定植 3 年以后开始收获。每年9 ~ 10 月果实成熟,因品种成熟期的差异,采收时间可达 1 个月左右。采收以手摘为宜,若连同小枝剪下会影响翌年的结实。采摘应选择天气晴朗时进行,以免影响香气和品质。10 ~ 15 年生植株每年可产鲜果2.5 ~ 3 公斤。

2. 加工

采收下的果实,应摊开晾晒,切忌堆放。待果实开裂,果皮与种子分开后,晒干装袋保存。亦可用水蒸气蒸馏法提取精油。

六、综合利用

花椒既是常用中药,又是历史悠久应用广泛的调味品,属卫生部确定的药食共用品之一。近年来,花椒除供中医处方调配和生产中成药外,作为食用调料用量大增,市场行情见涨。此外,花椒果实含精油4%~7%,主要成分有花椒烯、水茴香醇、香叶醇及香茅醇等,精油精制处理后可用于调配香精;花椒种子含脂肪25%~30%,可做工业用油;叶可制土农药,防治蚜虫、螟虫等;树干材质坚硬,可做手杖等。

胡　椒

胡椒为胡椒科植物胡椒的近成熟或成熟果实,又名浮椒、玉椒、古月。因加工方法不同,分为黑胡椒、白胡椒。入肴调味,可去腥、提鲜、增香、赋辛、开胃。其粉状制品即胡椒粉,使用时多在出锅前添加。另外,还可用来配制复合香辛料。胡椒具特异香气和强烈的辛辣味,黑胡椒味浓于白胡椒。主要呈味成分为胡椒碱、胡椒新碱、胡椒脂碱和挥发油等。胡椒入药,性热味辛。归胃、大肠经。具有温中散寒,下气,消痰止痛的功能。用于胃寒呕吐,腹痛泄泻,食欲不振,癫痫痰多等。主产于海南、广东、广西等省区。

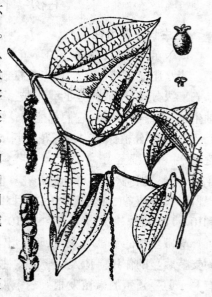

图4-11　胡椒

一、植物形态

攀援状木质藤本。茎长数十米,栽培控制在2.5~3.0米之间。茎节显著膨大,常生不定根。叶互生,近革质,叶鞘延长,叶片卵形或椭圆形,长6~16厘米,宽4~9厘米,叶脉5~7条,稀有9条,叶基部斜形或心形,先端尖。穗状花序与叶对生;花杂性,常雌雄同株,无花被;雄蕊2,花药肾形;子房上位,近球形,1室。果实球形,集生在同一果轴上呈串珠状,成熟时呈红色(图4-11)。

二、生物学特性

1. 生长发育习性

胡椒苗定植后,在适当的环境条件下,1~2个月抽出主茎蔓。当水肥充足或主蔓生长点受抵制时,休眠腋芽能依次抽生一二三级分枝,构成树冠的骨干枝。每枝条节上的侧芽又依次抽生出一二三级侧枝,它们都能开花结果,称为结果枝。定植后8~12月,部分植株有少量开花,到2.5~3年开始进入开花结果盛期,并可延续至15年以上。在我国各种植区气候条件下,一年之中春、夏和秋季都可抽穗开花。但为保证果实质量,一般只保留1~2个花期,如海南为3~5月和9~11月,云南为5~7月和10~11月,福建为5~6月和9~10月。

胡椒主蔓的节部有根带,可生出发达的气根(吸根),起吸附支持藤蔓的作用。应及时竖立支柱和绑蔓,以促使其牢固,并有利于剪蔓繁殖的椒苗发根。胡椒没有真正的主根,根群分布在土层的10~40厘米最多。

2. 对环境的要求

(1)土壤 要求土层深厚、疏松肥沃、排水良好的沙质壤土,过湿或积水易发生病害死亡。土壤酸碱度以微酸性或中性（pH 值5.5~7.0）为宜。

(2)温度 胡椒属热带温湿型植物。国外主产区,年平均温度在25℃~27℃之间,月平均温差不超过7℃。从我国胡椒的栽培情况看,年平均气温在21℃的无霜地区,胡椒都能生长和开花结果;若是霜期短而轻,冬季搞好防寒设施,也能安全过冬。当年平均气温低于18℃时,生长缓慢;低于15℃时,基本停止生长。绝对低温在10℃时,嫩叶便受冻害。日绝对低温低于6℃时,持续2~3天,嫩蔓、嫩枝受害。温度过高,对植株生长亦不利,气温超过35℃时,会灼伤椒头,甚至被晒死。

(3)水分 胡椒喜潮湿的环境,生长发育既怕涝又怕旱。要求有充沛而分布均匀的雨量,一般年降雨量在1 500~2 500毫米,空气相对湿度80%以上,土壤含水量在30%左右,植株生长发育良好。土壤干旱,明显影响植株生长和开花结果,甚至枯死。

(4)光照 胡椒在苗期和定植初期,需要一定的荫蔽度。到了开花结果期,植株需有充足的阳光,才能正常开花结果。如果过于荫蔽,会使植株徒长枝叶,产量降低。

此外,胡椒为藤本植物,攀援生长,蔓枝脆弱,抗风力差,要求静风的环境条件。我国适种胡椒的地区常多台风,在建园种植前,应有计划地保留或营造防风林。

三、栽培技术

1. 选地整地

(1)育苗地 选择静风的平地或缓坡地,以靠近水源、土质肥沃、排水良好的沙壤土为好。在育苗前 1 个月左右进行深耕细耙,清除树根、杂草和石块等。充分曝晒土壤,整平整细,然后起宽100～120厘米、高20～25厘米的畦,四周开好排水沟。

（2）定植地 宜选择温暖无霜或偶有轻霜,地势稍高,开阔,冷空气难进易出,南坡,坡度20°以下的地方。以灌溉方便、土质疏松肥沃和微酸性的的沙质壤土为好。

胡椒宜采用3～5亩分散种植,以利于控制病害流行。坡地应做成梯田,深耕地25厘米以上,拣挣杂物,碎土平整,挖坑,坑长宽各80厘米,深60厘米。坑土应曝晒一段时间,进行风化。定植前15天左右,每坑施腐熟有机肥和堆肥15～25公斤、过磷酸钙250～500克,用坑土回坑与肥料混匀,继续填土稍高于地面备植。

2. 繁殖方法

有扦插繁殖和种子繁殖两种。扦插繁殖方便,结果早,产量较稳定,后代发生变异性小,生产上多采用此法。

选择生长正常的1～3年生幼龄植株作为母株。在5～6月间(广西不宜超过8月),从母株上剪下蔓龄4～6个月,蔓粗0.6厘米以上,吸根发达,腋芽饱满健壮,顶部2节各带1条分枝及12～15片叶的主蔓。然后剪成30～40厘米长、具5～7个节的插条,每插条留下2条分枝,把多余的分枝切除。插条应随切随剪,剪口蘸水或插条下部不带分枝的蔓节浸入水中15～20分钟。在苗床上按40°～50°斜插,行株距20～30厘米×10～15厘米,露出畦面2个节。及时淋水,淋水时要做到随育随淋,并要淋足,然后在畦上搭棚遮荫,荫蔽度保持在80%～90%。育苗期间,要加强苗圃管理。晴天,每天淋水1次,保持土壤湿润。10～15天插条发根后,逐步减少荫蔽和淋水。20～25天,插条长出新根,顶上2节的芽开始生长时,便可出圃定植。

3. 定植

宜选择阴天、阴雨天或晴天的傍晚进行。起苗时,把长得过长的根及新蔓剪掉,只留根长5~10厘米及新主蔓2~3个节,以利植株生长。最好当天挖苗当天种植。种植时,在种植坑土堆上挖宽30~40厘米、深30厘米以上的坑,坑面一边斜成45°,并稍压平。把苗置于斜面的正中。气根朝下,根部舒展开,顶下的第二梢稍露出地面,随后由下而上压细碎表土,在两侧施2~2.5公斤腐熟有机肥为辅助基肥。回土填满坑面,在种苗周围做1个土兜,淋足定根水,上铺一层草,并在苗旁插不易落叶的树枝遮荫。

4. 田间管理

(1)补苗覆盖 一般幼苗种植7天后,便陆续长出新根,恢复生长。种后1~2个月,应全面检查1次,如果苗木生长不良,应及时补苗,要求1年内作到齐苗,生长一致。在此期间,还要注意检查荫蔽物,如荫蔽物被风吹倒或受破坏,应及时扶正、补上,直至幼苗枝条能自行荫蔽根部时,才能除去荫蔽物。

对胡椒的根部或全园覆盖,可以保持水土,降低土温,提高土壤肥力,防止杂草生长,减少线虫的发生和危害,有利于发根和植株生长。一般用稻草或茅草覆盖,宜在雨季末和旱季初进行。

(2)灌溉排水 幼苗初种植时,要经常保持土壤湿润,避免种苗失去水分而萎缩,影响成活及长蔓,除种植时淋足定根水外,如遇晴天,要连续3天淋水(宜早晨淋水),以后每隔1~2天淋1次,直至苗木完全成活、正常生长。此后,干旱季节要注意浇水防旱,雨季则要及时排水,以免积水引起病害。

(3)立柱绑蔓 胡椒是藤本植物,需要设有支柱供蔓节气根吸附攀援,才能正常生长。在新蔓抽出时,先插临时小木支柱,到第2次剪蔓时,再换永久性大支柱,目前生产采用的有木柱、石柱、水泥柱等。换柱宜在晴天进行,换柱时,要把主蔓固定好,再由下而上解绑,用小刀小心撬开吸附在木柱上的气根,然后把旧柱挖出,新柱埋入土中,将主蔓按原来高度及位置使之均匀分布,紧贴于支柱上,再用绳子绑紧。

绑蔓的目的是固定植株,使气根发达,利于植株生长。当幼龄期的胡椒在新蔓抽出3~4节时开始绑蔓,以后每隔10~15天绑1次。方法是用柔软的绳,由下而上在蔓节下方1厘米处,将几条主蔓绑在主柱上。绑蔓宜在上午露水干后或下午进行,此时蔓柔软,不易折断。嫩蔓应节节绑,老蔓可每隔4~5节绑1道。绑时要松紧恰当,几条主蔓在主柱上要分布均匀。

(4)中耕除草 胡椒初定植后,于每年春季及立冬前各锄草松土1次,深5~10厘米,内浅外深,使土壤疏松通气,保持水分,利于新根生长。植株进入结果期后,每年结合施攻花肥及雨季结束后各进行1次,深度在15厘米左右,树冠下仍浅锄,以免伤根。每年春季还要进行1次培土。

(5)追肥 定植后前3年,每年春季每株施有机肥15~30公斤,混合过磷酸钙250克。生长季3~11月勤施薄施粪水肥,每隔半月至2个月1次,并随株龄增加而减少次数。植株剪蔓前几天加施1次肥,2龄、3龄剪蔓时还需加施50~100克硫酸铵,以促进抽蔓。冬前每株施火烧土7~10公斤或草木灰1~1.5公斤,以提高植株抗寒力。

胡椒进入结果年限后,必须及时施肥。结果树采果后施攻花肥,花芽萌发期施辅助攻花肥,果实生长初期施攻果肥,发育期施养果肥。施肥的种类为有机肥和无机肥。常用的有机肥有人畜粪水、绿肥、堆肥、草木灰等,常用的无机肥有硫酸铵、硝酸铵、尿素、过磷酸钙,亦有硫酸钾、氯化钾。施用的有机肥要经过堆沤,待充分腐熟后与表土混匀。此外,施肥时要严格掌握浓度、用量和施肥位置,以避免肥害。

(6)整形修剪 整形是通过剪蔓,保留适当蔓数,促进丰产

228

株型的形成。一般剪蔓4~5次,留蔓4~6条。植后4~8个月,70%以上的植株高达1.1米时进行第1次剪蔓,部位在离地面15~20厘米的第1层枝序或第2层枝序的节上方1厘米处。如果第1层枝序高于40厘米者,则剪蔓后进行压蔓(将下部空节埋入土中)。剪蔓后宜在剪口下2~3节保留健壮新蔓2~3条。第2次剪蔓宜在选留的新蔓高1米以上时,于第1次切口上2~3节,节上方1厘米处剪蔓,待新蔓抽出后,选留足够的蔓数(4~6条)。以后每当新蔓长高40~50厘米时,再于前1次切口上3~4节处剪蔓。最后1次应在新蔓的第2层枝序上方剪蔓,以加速封顶(藤蔓覆盖过支柱顶部)。当保留的4~6条新蔓长至超过支柱20~30厘米时,将几条主蔓向顶柱中心靠拢,按次序相互交叉,用塑料绳在交叉点绑牢。在交叉点上方2~3节(带有枝序)上1厘米处,分别将主蔓去顶,随后在离支柱顶端约5厘米处,用绳将均匀分布于支柱周围的几条主蔓绑好,避免刮风后脱蔓损伤。最后1次剪蔓应计算好封顶的时间,使剪蔓后有足够时间,让新蔓枝生长、封顶,加速树型形成及枝条老熟,使植株上下均匀,提高初产期的产量。如果不需要种苗,可采用多次打顶进行整形,方法是第1次剪蔓后,留足蔓数,每当新蔓高40厘米左右时,在前次切口上3~4个节处去顶,连续5~6次,直至封顶为止。

修剪是剪除没有经济价值的蔓枝,包括多余的芽,生长纤弱、节间长的徒长蔓和"送嫁枝"(原插条上在定植时带来的两个枝序),近地面的分枝以及封顶后长出的新蔓等。这样可使营养集中,促进植株健壮生长,加速树冠形成,并使植株内通风透光,有利于开花结果。

(7)摘花摘叶 胡椒定植后8~12个月,管理得当、气候适宜时,即可抽穗开花。但过早的开花结果,植株会因大量消耗养分而长势差、树冠矮小,严重影响结果期产量,而且寿命亦短。因此,幼龄胡椒,要控制开花结果,每年要及时把花穗摘除,使养分集中于营养生长,形成大的树冠,延长植株寿命。幼龄期绑蔓时及结果期采果后,适当摘除植株过密老叶,以利通风透光,减少病害发生。

四、病虫害防治

1. 病害

(1)胡椒疫病 又名胡椒瘟病,各产区发生普遍且严重。先侵染主蔓,后蔓延至全株各个部位。发病初期外表无明显症状,但纵部主蔓可见木质部部分变黑,有褐色条纹向下扩展;发病后期外皮变黑色,木质部部分腐烂,雨季常溢黑水(故椒农又称黑水病),随后皮部脱落,木质部分完全腐烂。叶片、嫩蔓和枝条、花穗及果穗受病,病部变黑,呈水渍状,最后脱落。此病主要由土壤及病株残体为侵染源,借风雨传播,雨季发病严重。

防治方法:①选用无病种苗,避免病害传播和扩展。②保证椒园不积水和通风透气,经常清除残落叶、铲除杂草,并集中烧毁。③发现初发病株,立即隔离病区,防止蔓延。④叶片发病的植株,病叶较少时,待露水干后,将病株切除,并用1:1:200波尔多液每隔7~10天喷1次,连续3~4次;病叶多时,可用20%硫酸铜喷洒。此外,用敌菌丹1 000倍液或百菌清400倍液喷洒,亦有较好防治效果。⑤选育抗病品种,是防治胡椒疫病的重要途径。

(2)叶斑病 主要为害叶片,也为害全株,致病性很强。叶部发病初期为透明状的侵染点,随后扩大成多角形病斑,数天后,病斑中间呈褐色,边线变黄;雨天或空气湿度大时溢出细菌浓液,干燥后,成一层明胶状薄膜;高温干旱期,病斑多在植株下层叶片边缘和叶尖发生,呈少量水渍状,随后小病斑连成片,叶片脱落,使植株果穗暴露。为害严重的植株,枝叶、花果不断脱落,病蔓干枯,甚至树冠缩小,只剩几条秃蔓,最后连主蔓亦可能干枯死亡。此病在雨季、台风多、植株长势差时容易发生和流行。

防治方法:①选用无病种苗,培育抗病品种。②发现病株,及时将病部及周围叶片摘除并烧毁。③用1%硫酸铜喷病部叶,喷1∶2∶100波尔多液保护健叶,连续喷药几次。

(3)花叶病 由病毒引起,症状有两种类型。一种是叶变小、卷曲,主蔓萎缩,植株矮小畸形,花穗多而变短,结实很小;另一种是植株基本生长正常,仅叶部表现花叶。此病多在管理不好,受肥害、水害、虫害的植株或在高温干旱期割蔓时发生,幼龄椒发病严重。

防治方法:①选用无病种苗,不在有病植株上切取插条。②高温干旱时不割蔓,割蔓后施足水肥,促进新蔓生长健壮。③加强肥水管理,注意防治害虫。④发现病株,及时挖掉烧毁并补植。

(4)根腐病 由真菌引起的根部病害,发病根部变黑腐烂,土壤湿润时,病部呈水渍状霉烂。严重时,地上蔓枝生长停止,叶片变黄,大量落叶,枝枯脱落,甚至植株死亡。

防治方法:①开垦椒园时,地内杂草杂木清理干净,施用的有机肥要充分腐熟。②发现病株应把病株周围土壤挖开,将病部用小刀刮除干净,伤口用1∶1∶200波尔多液喷洒或涂封,椒头曝晒3~5天,然后盖上新土。发病严重的植株,宜把整株挖起烧毁,种植坑曝晒,然后补植。

(5)炭疽病 主要为害叶部,一般中、上层叶发病较多。初期由叶尖先发病,最初病斑灰黑色,后变灰褐色,有明显的同心轮纹。

防治方法:①增施磷钾肥,增强植株抗病力。②发病初期摘除病叶烧毁,并喷洒1:1:100波尔多液,防止病菌蔓延。③发病后喷洒65%代森锌可湿性粉剂500倍液。

(6)根结线虫病 由一种植物寄生的线虫引起的根部病害。发病后椒根肿大形成根瘤,初为白色,后呈淡褐色或深褐色,最后呈黑色。发病后影响植株根部生长及植株对水、养分的吸收,蔓枝生长受阻,节间短,枝纤弱,植株矮小,老叶增厚转黄,新抽出嫩叶久不转绿,受害严重的植株会引起落花落果。

防治方法:①不选用前作物是甘薯、花生、番茄、茄子等地块作椒园。②开垦椒园时,深翻晒土。③受害轻的植株,可把病根切除,培上新土,加强管理,促进植株恢复生长;受害严重的幼龄植株,挖掉重植。

2. 虫害

(1)蚜虫 以若虫为害幼龄椒主蔓、枝梢嫩叶,使蔓枝顶死亡脱节,叶变形脱落,影响植株生长。多发生于干旱季节。

防治方法:在发生期间用40%乐果1 500～2 000倍液喷杀。

(2)介壳虫 主要为害嫩枝叶,使叶片卷曲,枝顶枯死,并引起早期落果和烟煤病的发生,使枝叶覆盖一层黑霉,影响植株生长。

防治方法:发生期用40%乐果500～800倍液喷洒2～3次。

此外,虫害还有盲蝽、网蝽、刺蛾、金龟子、粉虱、蚂蚁等,按常规方法防治。

五、采收加工

1. 采收

一般植后2～3年挂顶放花,3～4年收获。放秋花5～7月采收,放夏花4～5月采收。当果穗的果实全部变黄,有3～5粒变红,便可采收。一般整个收获期分批采5～6次,每隔7～10天1次。末次包括未成熟果实全采,以免影响下次开花结果。

2. 加工

将采收的成熟或未成熟果穗在晒场上晒 3～4 天,或置烤房内用文火烘烤2～3 天,待果粒皱缩达六成干后,脱粒,再充分晒干或烘干,即成商品黑胡椒。一般 100 公斤成熟果实可加工黑胡椒32～36 公斤。

将采回的成熟果穗装入竹篓或麻袋里,置流水中浸7～8 天,待果皮果肉腐烂后取出放在木箱或池中,用脚踩踏,用水反复冲洗,去掉果皮、果肉及穗柄等杂物,洗净。然后把种子摊于晒场或竹席上,晒2～4 天至完全干燥,即得商品白胡椒。一般 100 公斤成熟果实可加工白胡椒25～30 公斤。

六、综合利用

胡椒为常用小品种中药材,也是卫生部确定的药食共用品之一。除供中医处方调配及生产中成药外,还大量用于食品调味。我国生产的胡椒,除供应国内市场外,还有少量出口。目前,国际市场供应偏紧,价格看涨,因此,在适宜种植的地区可以发展种植。

草 豆 蔻

草豆蔻为姜科植物草豆蔻的干燥近成熟种子。烹调中取其种子团作调味品,可增香添辛,去腥解异,增进食欲。多用于调制卤料、复合香辛料。一般不单独使用,常与花椒、八角、肉桂、豆蔻等配合使用。草豆蔻具有特殊芳香气,味略辛辣苦。主要呈味成分为山姜素、豆蔻素等。草豆蔻入药,性温味辛。归脾、胃经。具有燥湿行气,温胃止呕,健脾消食的作用。用于寒湿内阻,脘腹胀满冷痛,嗳气呕逆,不思饮食。主产广西、广东、海南、台湾等省区。

一、植物形态

多年生草本。根状茎横走,粗壮有节;丛生,长1～2米,有

图4-12 草豆蔻

的达3米,棕红色。叶2列,叶片线状披针形或狭椭圆形,长50～65厘米,宽6～9厘米,先端渐尖,并有一短尖头,基部楔形,两边不对称,边缘被毛,无锯齿,两面均无毛或叶背被极疏的粗毛;叶柄短,长1.5～2厘米,叶鞘膜质,抱茎,叶舌广卵形,长5～8毫米,外密被绒毛。总状花序顶生,直立,总花梗长达30厘米,花序轴淡绿色,密被粗毛,小花梗长约3毫米;花疏生,小苞片宽大,乳白色,花内面稍带淡紫红色斑点。蒴果圆球形,外被粗毛,萼宿存,直径约3厘米,熟时金黄色。花期4～6月,果期5～8月(图4-12)。

二、生长发育环境

1. 土壤

草豆蔻生长于山坡草丛、疏林、林缘或林下山沟、河边湿润

234

处。对土壤要求不严格,喜腐殖质丰富、质地疏松的微酸性壤土。栽培区多利用田边山坎、山沟荒隙地种植。

2. 温度

草豆蔻喜温暖气候而耐轻霜。以年平均气温18℃~20℃为适温,种子发芽温度要求在18℃左右,当月平均温度下降到15℃时,种子停止发芽。在广西分布的地区,年平均气温21.7℃~22℃,7月份平均温度28.2℃~28.3℃,绝对高温40.4℃;1月份平均温度12.8℃~13.4℃,绝对低温-2℃;无霜期350天以上,生长良好。

3. 水分

喜湿润,怕干旱。开花季节如雨量适中,则结果多,保果率高。若雨量过多,会造成烂花不结果;若开花季节遇上天旱,花多数干枯而不能坐果。四川栽培区年降雨量1 110毫米,年平均相对湿度82%。

4. 光照

草豆蔻是一种稍耐阴植物,不耐强烈日光直射,喜有树木庇荫的环境,但荫蔽度不宜过大,一般应控制在40%~60%。四川栽培区南溪年日照达到1 155.2小时。

三、栽培技术

1. 选地整地

选择林下或有树木遮蔽,具有一定荫蔽度,气候温暖湿润,雨季长,雨量充沛,壤土疏松肥沃的山谷平地或缓坡处种植。冬季砍除杂草,调整荫蔽度至40%~50%,深翻土壤20~30厘米,晒土后,每亩施下厩肥2 000公斤作基肥,整地作畦,一般畦宽1.3~1.5米,畦高15~20厘米,四周开沟,沟深10~15厘米。

2. 繁殖方法

草豆蔻可采用种子繁殖和分株繁殖。种子繁殖可获得大量种苗,而分株繁殖则可提早开花结果。

(1)种子繁殖 当果实由青色变成黄色时,选择生长健壮、无病虫害的丛株,摘下果实作种用。把采回的果实,剥开果壳,取出种子团,置于水泥地上擦脱果肉,用清水将果肉漂洗干净,取沉底种子置室内摊放晾干,或适度晾晒。放低温处或保湿贮藏。

夏季6~7月或秋季9~10月进行播种育苗。育苗地宜在近水源处,深翻土地,每亩施厩肥、草木灰1 500~2 000公斤,再耕耙1次,整平耙细,起畦宽100~120厘米,高15~20厘米。在畦面上按行距30厘米,播幅10厘米,每沟播种50粒左右,然后细土盖1厘米厚,并盖草遮荫。播种后,应经常淋水,保持畦土湿润,以利种子发芽出土,一般种后19~24天便出苗。出苗时,及时揭除畦面盖草。苗高5厘米时进行间苗,每行留壮苗20株。以后加强管理,随时拔除杂草,并适当松土追肥2~3次,经培养1年,第2年春季便可移到大田种植。

(2)分株繁殖法 春季2~3月,在种植地内,选择生长健壮、无病虫害、分株多的丛株,从中挖出部分植株,分割成带根茎和根的单株,再将单株地上茎从离地面30厘米左右处剪断,随即种植于大田内。

3. 定植

春季2~3月,在整好的地上,按株行距60厘米×60厘米或50厘米×60厘米开穴定植。每穴植苗12株,覆土压实,淋足定根水,以利幼苗成活或生长;如遇天旱则种后要经常淋水保湿。

4. 间种

草豆蔻种植1~2年,植株间在未封行前可间种矮秆药材、粮食或蔬菜等作物。

5. 田间管理

(1)防旱遮荫 草豆蔻性喜湿而忌旱,根系较浅,要保持土壤湿润,遇少雨干旱季节,应及时浇水,特别是花期果期,更要注意保持土壤具有充足的水分。全光照对植株生长不利,如光照太强,应在植株周围或畦间种植高秆作物适当遮荫,使其荫蔽度常保持在40%左右。

(2)中耕除草 栽种后,植株未封行前,每年夏、秋、冬各中耕除草1次。收获后,当老苗逐渐变黄枯萎时,应定期将枯株、枯死叶片剪除,清理干净,特别是冬季更要注意清洁田园,保持地块土壤干净整洁,以减少病虫害的发生。

(3)追肥培土 栽后15天,每亩施稀人畜粪尿1 500~2 000公斤。为了能使植株正常生长,更好地分蘖发育,提高果实的产量和质量,应进行适当的追肥。每年4~5月及7~8月追施经充分腐熟的农家肥每亩1 500~2 000公斤,另配施过磷酸钙,每亩30~40公斤,复合肥每亩40~50公斤。同时,在夏秋季节采果后还应适当培土,以促进分枝和根系生长。

(4)人工授粉 草豆蔻自然结果率仅为开花的19.4%~33%,主要原因是花丛中昆虫活动较少,影响其授粉。采用人工授粉可提高结果率,可于花期的上午10时至下午4时用人工的办法将花粉抹在雌蕊柱头上,结果率可达25.8%~62%。但人工授粉费工费时,可于开花期间放养蜜蜂,增加自然授粉率,提高其产量。

四、病虫害防治

1. 叶斑病

该病危害叶片,造成叶片残缺不全,影响植株正常生长,进而影响药材质量和产量。

防治方法：①冬季注意保持田园清洁,发现病叶、枯残茎干及时清除,集中烧毁,严格防止病害蔓延。②对已清理过的病株,用1:1:200的波尔多液进行喷洒防治。

2. 草豆蔻炭疽病

该病危害果实,在果实由青转黄逐渐成熟时为害较严重。病菌主要以菌丝形式,经风雨侵染传播。发病高峰期为每年的6、7月间和9月初。

防治方法：①整地时要严格进行土壤消毒。②在采收果实后,及时剪去带病组织,集中烧毁,并喷洒托布津等高效低毒农药进行防治,杜绝传染源。③在易发病季节,8月上旬,喷洒50%托布津1 000~1 200倍液进行防治;当果实出现病害时,及时喷洒50%托布津1 200倍液或75%多菌灵1 500倍液防治。

五、采收加工

1. 采收

草豆蔻一般从种植后的第3年便开花结果,每年夏秋季节,当草豆蔻果实开始由绿变黄近成熟时,将整个果序割下。

2. 加工

将果序在太阳下晒至八九成干,剥去果皮,取出种子团,晒至足干即可。每亩可产干品25~50公斤。或先将果实用沸水略烫,晒至半干,再剥去种皮,取出种子团,晒干。以烫后晒干法为佳,直接晒干不易干燥,且易产生"油子"(又称"糖子")和"散子"。海南地区常采后煮透(2~3小时),去掉种皮后再晒干,这样可使种粒结实不易散开,如不经煮透直接晒干则易散粒。也可将草豆蔻鲜果以沸水烫过晒至三四成干,剥掉外皮,再将果仁晒至全干。

六、综合利用

草豆蔻既是常用中药材,又是人们喜用的调味料,以前是靠采集野生品供药用、食用,人工栽培很少,近年来种植较多。其产品加工目前仍处于初级加工状态,通常是提取挥发油作药用原料。

目前,草豆蔻的供求基本达到平衡,其价格也较为稳定。随着研究的深入,当其深加工开展后,相关产品既可供应国内市场,也可出口供应世界各地,这必然会带来市场需求量的大大增加。因此,根据市场需求,种植草豆蔻,其前景较为广阔。

草　果

草果为姜科植物草果的果实,又名草果仁、草果子。入肴调味,具较强的去膻除腥作用,且可增香添味,增进食欲。多用于炖、烧、焖、煮、酱、卤等长时间加热菜品,并可配制复合香辛料。草果具特殊芳香气,味辛辣,微回苦。主要呈味成分为碳烯醛、柠檬醛、香叶醇、草果酮等。草果入药,性温味辛。归脾、胃经。具有燥湿温中,除痰截疟的功能。用于寒湿内阻,脘腹胀痛,痞满呕吐,疟疾寒热等。主产于云南、广西、贵州、福建等地。

一、植物形态

多年生草本,高 2～2.5 米,丛生,全株有辛辣气味。根茎横生有节,淡紫红色。茎粗壮,直立或稍倾斜,淡绿色。叶 2 列;叶鞘开放,抱茎,淡绿色,被疏柔毛,边缘膜质;叶柄短或几无柄;叶片长椭圆形或披针状长圆形,长40～70 厘米,宽5～18 厘米,先端渐尖,基部楔形,全缘,边缘干膜质。穗状花序从茎基部抽出,卵形或长圆形,长9～13 厘米,每花序有花5～30 朵,淡红色,唇瓣中肋两侧具紫红色条纹。蒴果长圆形或卵状椭圆形,长2~4厘米,直径约2厘米,果皮熟时红色,干后紫褐色,有不规则的纵皱纹,无毛;果梗长2~3毫米,基部有宿存的苞片(图4-13)。

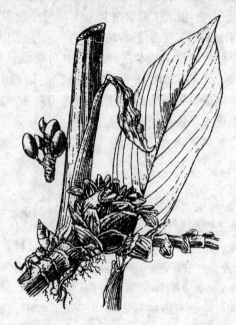

图4-13 草果

二、生物学特性

1. 生长发育习性

草果为亚热带常绿植物,一年四季均能生长。新栽培的草果,第一二年以分蘖生长为主,形成新的群体。较肥沃的土壤2年后,每窝长有7~8株的草果时就会开花结果;瘦地则需3~4年后才会开花结果。当冬季根茎上出现许多球形的苞(即花芽开始分化),苞上发生幼芽,每芽会结出一团草果。生长好的每

240

年每团结出25～45个果,多达70余个。每窝能长出45～70团果。草果初结果时较少,往后逐年增多,6～7年后进入结果盛期,盛果期长达25年左右。以后则会出现大小年,加强管理,仍能连年丰收。草果虽开花很多,然而结果并不一定很多,这与气候关系密切,开花期只有雨水均匀,花多才会果多。

2. 对环境的要求

（1）土壤　在土层深厚、富含腐殖质、疏松肥沃、排水良好的沙质壤土或壤土上生长良好,土壤酸碱度以微酸性为宜。在贫瘠和过粘的土壤不适栽培。

（2）温度　喜温暖又要凉爽。产区年气温在5℃～25℃,年平均气温在18℃～20℃,怕霜冻,但偶有轻微霜冻不会死亡仅生长受抑制。

（3）水分　喜潮湿的环境,干旱影响生长发育,产区相对湿度保持在80%～90%,年降水量在1 000毫米以上。

（4）光照　是喜阴性植物,整个生长期要求50%～60%的荫蔽度。一般栽培于山谷间半阴半阳较潮湿的地方,或透光度40%左右的阔叶林边缘地带。太荫蔽处生长也差。

三、栽培技术

1. 选地整地

选择有水源、林荫、土层肥厚、疏松湿润的平缓山谷或溪边,保持透光在40%左右,将过密的树木砍伐,清除树根杂草与石块。播种前,翻耕打碎土块,风化一段时期后,施足底肥,然后起高20厘米、宽120厘米的高畦,以待播种。

2. 繁殖方法

（1）种子繁殖

①采种。选择结果多,无病虫害的母株留种。种子成熟期,

选果皮呈紫红色,种子银灰色,嚼之有甜味,个大,饱满的果实作种。剥掉果皮,取出种子团,用草木灰搓散种子团和外层的果肉及胶质,即可播种,如不马上播种,则按种子与草木灰1:3的比例,装入罐内贮藏,种子干藏,影响发芽率。

②播种。有春播和秋播两季。秋播最迟不能晚于10月中旬,否则气温下降,影响种子当年发芽。播种方式采用条播,在畦面上按行距20厘米开深1.5厘米的沟,沟内按5~6厘米株距点播种子1~2粒,覆土盖草,浇水保湿。秋播气温宜在18℃~20℃,下种后40~50天发芽,成活率达80%左右。12月至次年2月,气温降至15℃以下,种子停止发芽,待3~4月气温回升至18℃以上时,又继续发芽出土。出苗后,追施草木灰,注意不要施在苗上,以防烧苗。拔除杂草。春播则在次年2~3月播种。

播后1~2年,当苗高60~120厘米时,即可移栽。可在每年春季新芽出土前,将带芽的丛株根状茎挖出,截断后分离出1年或2年生的单株作种苗,分株栽植。分离后,将下部叶片剪去,只留上部2~3片叶,以减少水分蒸发,利于定植成活。

(2)分株繁殖 惊蛰前后,在已开花结果的地里,选择生长健壮的草果丛,挖取1年生的苗,带10~12厘米的地下根茎,留约30厘米长的地上茎,运送到栽植地定植。

3. 定植

在4月上旬前后,按行株距1.7~2米,挖宽约30厘米,深15厘米左右的穴,每穴栽苗1~2株,覆土,压实,宜选择阴雨天定植。如遇天旱,盖草淋水,提高成活率。种子繁殖的种苗,起苗时一定注意不要损伤根部。

4. 田间管理

(1)中耕除草 定植后为了促进植株生长和分枝,一般在4~6月和10~12月进行2次中耕除草,并结合松土。冬季中耕应割掉枯老死株,铲除杂草铺于行间,让其逐渐腐烂,使土壤肥沃。如有病虫老株需及时挖除并烧毁。

(2)追肥培土　草果生长年限长,必须年年施肥,才能高产稳产。幼苗时施肥3次,苗高6～10厘米时开始施人畜粪水,每亩约1 000公斤;苗高20厘米时,第2次施肥,浓度适当增加;入冬后第3次施腐熟的厩肥、草木灰等混合肥,并培土,使幼苗安全越冬。定植后,结合中耕除草追肥2次,第1次施绿肥、厩肥、堆肥、过磷酸钙的混合肥,每亩施1 000～1 500公斤;第2次在草果植株周围施草木灰,施后培土壅在根蔸上,每亩约施2 500公斤,以使翌年萌芽更粗壮,多开花多结果。

(3)灌溉排水　草果产量高低与花期是否缺水有很大的关系,开花季节雨量过多,易烂花;过于干旱,花易枯萎,造成减产。因此,遇干旱,应及时引水灌溉,也可盖草减少水分蒸发,保持土壤湿润;如雨水过多,应做好排水工作,减少花蕾腐烂。

(4)调节荫蔽度　草果透光度一般应保持在50%～60%之间,过于荫蔽,草果徒长,开花结果少,除草和培土时应经常疏枝疏林,将过密的树枝砍掉,过密的林木间伐。

四、病虫害防治

1. 立枯病

由真菌中一种半知菌引起的果苗期病害,一般发病在3～4月,严重时造成叶片枯萎,倒苗。

防治方法:①播种前用70%五氯硝基苯进行土壤消毒。②幼苗出土后,用1:1:200的波尔多液喷洒预防。③发现病株,及时拔除并在周围撒石灰粉,喷洒60%代森锌600倍液,每7天1次,连续2～3次。

2. 钻心虫

主要危害草果茎部,它以幼虫钻入植株茎内,使植株枯萎,严重时茎折。

防治方法:及时剪掉枯心苗,并用 50% 杀螟松乳油800 ~ 1 000倍液喷洒。

五、采收加工

1. 采收

草果栽植后,管理得好,第 2 年就能开花结果。一般在 9 ~ 11 月成熟,待果实呈紫红色时,先将果序割下,再摘果实。

2. 加工

将剪下的果实立即晒干或烘干,烘烤时温度不宜过高,以 50℃ ~60℃为宜,并勤翻动。如烘烤不及时,容易发霉腐烂。或将果实放入沸水中烫2 ~ 3 分钟,摊放于阳光下曝晒,再在室内堆放5 ~ 7 天,使其颜色变成棕褐色即可。若蒸油,将鲜果用水蒸气蒸馏即得。

六、综合利用

草果为常用小品种药材,除供中医处方调配和生产中成药外,还被广泛用作食用调味品,近年来市场供求基本平衡,价格稳定。

荜 茇

荜茇为胡椒科植物荜茇的成熟或近成熟果穗,又名鼠尾等。烹调中取其近成熟果穗作调味品,可增香赋辛,矫味去异,增进食欲。多用于炖、烧、烤、烩等技法中。一般与其他香辛料配合调味,并可调配复合香辛料。荜茇气清香,味辛辣,有较强的蜇舌热感和痛感。主要呈味成分为丁香烯、胡椒碱、荜茇碱、芝麻素等。荜茇入药,性热味辛。归胃、大肠经。具有温中散寒,下气止痛的功能。用于脘腹冷痛,呕吐,泄泻,偏头痛;外治牙痛。国外产于印尼、越南、印度、尼泊尔和斯里兰卡等国。我国主产于云南,广东、广西、福建等地有引种栽培。

图4-14　荜茇

一、植物形态

多年生攀缘状藤本,茎长数米,圆形,幼时被疏毛,节部略膨大。叶互生,纸质;叶片卵圆形或狭卵形,长6~12厘米,宽2.5~11厘米,基部心形,上部叶基部两侧不等。花单性,雌雄异株,穗状花序腋生;花小,无花被;雄花序细长,长3~7厘米,雄蕊2枚;雌花序圆柱形,长1.5~2.5厘米,下部与花序轴合生,无花枝,柱头3。果穗圆柱形,成熟时黑绿色或黑色。浆果卵形,基部嵌生于花序轴内。种子卵圆形,橙黄色,坚实、光亮(图4-14)。

二、生物学特性

原产热带,喜高温潮湿气候,我国主产地云南省盈江县,年平

245

均气温 19.3℃,最低月平均气温 11.6℃,极端最低气温为 −1.2℃。幼苗期需适当荫蔽,开花结果期需阳光充足。苗期无荫,则生长受抑制,致使株矮,枝短,叶小,提前开花,果小,产量低。如结果期荫蔽过大,则植株细高,结果少。植株需要攀缘才能充分利用阳光而开花结果多。以湿润、疏松、肥沃的土壤为宜。

种子低温季节(月均温度 15℃~20℃)播种,需40~50 天才能发芽;高温季节(月均温度22℃~25℃)播种,15~20 天就可发芽,种子发芽率50%左右。一般10~12 月采种,次年 3 月播种。在月均温度22℃~25℃的高温季节,满足水肥条件,出苗后 2 个月幼苗可达5~7 片叶,蔓长15~20 厘米。5~6 月栽植,如光足、肥足,实生苗当年可开花结果。

三、栽培技术

1. 选地整地

可选河谷、山间盆地、河沟边,或村寨、园地的竹篱边,平地或缓坡地均可。耕翻整细土壤,平地作高畦。以利排水;缓坡地按等高方向作成水平苗床,以利保水。施足基肥。

2. 繁殖方法

(1)扦插繁殖 生产上常用,能保持母株的高产习性,提早开花结果,并利于控制雌雄株比例。在高温湿润季节,剪取具 3~4 个节的茎蔓,以细河沙或疏松土壤作苗床扦插。搭设荫棚,保持湿润,15~20 天生根,成活率在 90% 以上。新株长出 4~5 个节时,即可大田定植。

(2)压条繁殖 将茎蔓压入挖松的土壤中,保持湿润,在夏季经过10~15 天,即可长出新根,便可剪取栽植。

(3)种子繁殖 采收成熟果实,搓去果皮,洗净,阴干。存放半年内选较高气温时播种(一般 3 月份)。播前用30℃~

40℃的草木灰水浸种 2 小时左右,去掉种子表面的油质,以提早发芽。在苗床上条播或撒播。盖草保湿,出苗时搭设荫棚。出苗后 2 个月,苗长至 20 厘米左右时即可出圃定植。

3. 定植

一般 3 月育苗,5~6 月即可定植。行株距 50 厘米×50 厘米。如定植时藤蔓长,可多埋几个节,使发根多,植株生长健壮。

4. 田间管理

定植后至开花结果前,应搭设荫棚,适当遮荫。到开花结果期去除荫蔽。当主蔓萌发出新蔓时,可用篱笆给予攀缘,以便多分化结果枝和接受充足的阳光。修剪过密枝、病弱枝,适当修剪营养枝,以利通风透光和集中养分。加强除草、松土、施肥等管理,花果期多施磷、钾肥,能提高产量。

四、采收加工

秋冬果穗由绿变黑时采收,除去杂质,晒干或烘干。贮存于阴凉干燥处。

砂　　仁

砂仁为姜科植物阳春砂、绿壳砂或海南砂的干燥成熟果实,别名春砂仁,阳春砂。烹调中取其果实作调味品,也可用叶调味,可去腥解异,赋味增香,开胃消食,增进食欲。烹调中可用其单独调味,也可与其他香辛料配合使用,常用于肉类的酱、卤、炖、烧、煮、焖等。砂仁具浓烈芳香气,味辛凉、微苦,主要呈味成分为 α-蒎烯、β-蒎烯、侧柏烯、芳樟醇等。砂仁入药,性温味辛。归脾、胃、肾经,具有温脾健胃,行气调中,消食,安胎的功效。常用于治疗胃脘痞闷,食积不消,恶心呕吐,虚寒便痢,神经性胃

图 4-15　阳春砂

痛,妇女腹痛等。主产于广东、广西,海南、云南、福建亦有栽培。

一、植物形态

阳春砂为多年生草本,高 1.5~2 米。根状茎横生。茎直立。叶两列互生,披针形,先端渐尖或急尖,基部渐狭,叶鞘抱茎。穗状花序从根状茎的节上抽出,花白色,花瓣 3 片,唇瓣倒卵形,中有淡黄色底的红色带状纹;发育雄蕊 1枚,雌蕊 1 枚,子房下位。蒴果椭圆形、球形或扁圆形,熟时鲜红至红褐色,果皮具柔刺。种子多角形黑褐色。花期 4~6 月,果熟期8~9 月(图4-15)。

二、生物学特性

1. 生长发育习性

阳春砂有分株生物学特性。当植株生长到具 10 片叶时,从茎基部生长出伏地生长的根状茎,又称匍匐茎。然后在根状茎上再生长出直立茎即第 1 次分生植株。这样不断地分生新株,每年老株枯死,新株再生,维持一个相对稳定的植株群体。砂仁园的分株快慢及植株密度,可以通过栽培技术措施,特别是水肥管理予以调节控制,使其有利于稳产高产。

阳春砂种植2～3年进入开花结果期,花序从根状茎上抽出。在广东阳春,每年4月下旬至6月开花,花序自下而上开放。一般每天开放1～2朵,5～7天开完。每天6时开花,16时凋萎,8～10时为散粉盛期,由于花器构造特殊,不适风媒传粉,一般小昆虫也不易传粉。因此,在缺少优良传粉昆虫的地方,阳春砂自然结实率很低,仅5%左右,果实成熟期为8～9月。

2. 对环境条件的要求

阳春砂属南亚热带季雨林植物,喜高温、湿润,我国主产区年平均气温在19℃～22℃之间,年降雨量1 000毫米以上,年平均相对湿度80%以上,如遇短暂霜冻尚能忍耐,连续几天则出现冻害。花期要求空气相对湿度在90%以上。土壤含水量24%～26%,有利于开花结实。花期如遇干旱则造成干花或影响授粉结实。

阳春砂属半阴性植物,需要一定的荫蔽条件,但不同生长发育阶段对荫蔽要求各异。1～2年生幼苗需要较大荫蔽,以70%～80%荫蔽度为宜。到开花结果年限后,在壤土或粘壤土或阴坡种植的植株,以50%～60%荫蔽度适宜。如在沙土或阳坡地种植,以60%～70%荫蔽度为宜。荫蔽度调节不当对生长影响很大。过阴则花少,产量低;荫蔽太少,生长不良,易发生日灼病、叶斑病等。

三、栽培技术

1. 选地整地

宜选肥沃疏松、保水保肥力强的沙质壤土或轻粘壤土;空气湿度大,土壤湿润,常绿阔叶林的山坡,在平原于果树等林下也可种植但要灌溉排水方便。重粘土、沙土不宜选用。选择适当环境,以有利于传粉昆虫——彩带蜂作巢繁殖,为授粉结果创造有利条件。

种前开荒除草,锄松土壤,打碎土块,砍除过密的荫蔽树。种植初期荫蔽度保持70%～80%,并在附近种植果树,扩大蜜源,以引诱更多的传粉昆虫。坡地最好成梯带,在坡地上方要开挖拦山堰,以防暴雨冲刷;平地要开排水沟,防止水涝。自然荫蔽不足,还应补栽荫蔽树,可先种芭蕉等速生作物临时荫蔽,同时种高大的安息香、橄榄等果树或木本药材作永久荫蔽。

2. 繁殖方法

(1)种子繁种

①采种。9月下旬至10月上旬收获砂仁时,选择红褐色、粒大饱满的果实作种,摊放后熟7～10天,捏破果皮、洗净阴干,贮藏备用。

②育苗。播种期分秋播和春播。秋播在8～9月,春播在3月,通常以秋播为主,此时种子新鲜,气温较高,出苗率高。苗床要深挖,每亩施堆肥1 500～2 500公斤、饼肥30公斤,整细整平,开1.3米宽的高畦。在畦上按行距23～27厘米开横沟,深约7厘米,播幅约10厘米,每亩用种2.5～3公斤,与草木灰拌匀后均匀撒沟里,盖细土或堆肥粉约1厘米厚,最后盖草。

出苗时揭去盖草,并立即搭棚荫蔽,荫蔽度70%～80%,幼苗长出7～8片叶时,可逐渐减少荫蔽,增加透光度,但不能低于60%。土干要及时灌水,并随时拔除杂草,浅松土,施稀薄人畜粪水或尿素3～4次。冬季和早春低温霜冻天气,要适当增加覆盖物,防止冻害,一般培育1年,苗高50厘米以上时,就可挖苗定植。每公斤种子育苗,可栽种25～30亩。

(2)分株繁殖 选生长健壮、开花结果多的植株,截取带1～2个嫩根状茎的壮苗为种苗。春植或秋植均可,春植在3～4月,秋植于9～10月,以春植为好。选择阴雨天进行,种时将老根状茎斜埋入土深 7~10 厘米,压实;而嫩的根状茎用松土覆盖,不用压实。按行株距 70 厘米 × 70 厘米或 1.3 米 × 1.3 米,每亩用苗 400~1 500 株。种后淋定根水及用草覆盖地面,天气干旱应及时淋水以保成活。

3. 田间管理

(1)除草剪苗　定植后的头 3 年,每年除草 4~5 次,一般第 3 年植株郁闭,开始开花结果。以后每年除草 2 次,第 1 次在花序未形成前,剪除枯、弱、病苗及过密的春笋。第 2 次在 9~10 月收获后进行,剪苗与第 1 次同,但不要剪去秋笋,以免影响第 2 年开花结果。

(2)追肥培土　未开花结果前,每年施肥 3 次,于春、夏、秋季除草之后进行,用人畜粪水、堆肥、草木灰或尿素,第 1、2 年进行窝施。开花结果后,每年施肥 2 次,在 9~10 月收获后和 3~4 月除草剪苗后进行。春季亩施菜籽饼、过磷酸钙各 40~50 公斤,尿素 3~5 公斤;冬季亩用堆肥 1 500~2 000 公斤,尿素 5 公斤。每次都应混合堆沤之后撒施。

秋季采果后进行培土,以促进分株和利于根系生长,每亩培新土 1 500~2 000 公斤,不要过多,以不覆没匍匐茎为宜。

(3)灌溉排水　阳春砂喜湿怕旱,根系浅,要经常保持土壤湿润,定植后第 3 年的秋季要求水分较多,以促进秋笋生长;冬季花芽分化期要求水分较少。在花果期要求空气相对湿度 90% 以上,但雨水过多则易造成烂花烂果,故应根据不同生长发育期对土壤水分和空气湿度的要求进行浇水和排水,以达到防旱排涝保丰收。

(4)调节荫蔽度　应根据不同土质,不同生长发育阶段对荫蔽度的需要进行调整。一般苗期需 70%~80% 的荫蔽度,花芽分化期需较多的光照,要保持 50%~60% 的荫蔽度,也因土壤保水力不同,灌溉条件好坏而增减。每年收果后进行修剪及砍伐过密的荫蔽树,若荫蔽不够,应在春季补植。

(5)人工授粉 阳春砂自然结实率低,一般为5%~8%。因其花的构造特殊,自花授粉困难,在缺少传粉昆虫情况下不易授粉结实,故在自然环境较差的地方可进行人工辅助授粉,能大幅度提高产量。其中人工异花授粉比人工自花授粉的效果好,果实的经济性状和实生苗的生长势都较优越。人工授粉方法分推拉法和抹粉法两种。推拉法是用中指和拇指横向夹住唇瓣和雄蕊,先用拇指将雄蕊往下轻推,然后再往上拉,并将重力放在柱头部,一推一拉使大量花粉塞进柱头孔。抹粉法是用一小竹片将雄蕊挑起,用食指或拇指将雄蕊上的花粉抹到柱头上,再往下斜擦,使大量花粉塞进柱头孔上。推拉法比抹粉法效率高。在花粉多时用推拉法,花粉少时用抹粉法较好。

四、病虫害防治

1. 病害

(1)茎枯病 此病在7~8月雨季的苗床多发生,在离地约6厘米处缢缩干枯,幼苗倒伏死亡。

防治方法:可用70%五氯硝基苯200~400倍液浇灌,或用1:1:140波尔多液喷洒。

(2)果腐病 8~9月发生,果实变黑腐烂。

防治方法:①雨季注意排水,春季割苗开行以通风透光。②幼果期少施氮肥。③收果后10~11月和春季3月各施1次1:2~3的石灰和草木灰,每亩15~20公斤。④幼苗期用1%福尔马林液喷洒,每亩50公斤,或0.2%高锰酸钾液每亩50公斤喷洒。

(3)叶斑病 在缺少荫蔽、气候干旱地区发病较多。

防治方法:①割除及烧毁病叶。②用1:1:120波尔多液喷洒。

2. 虫害

(1)幼笋钻心虫　属双翅目蝇类。幼虫在管理粗放,生长衰弱的老株丛危害幼笋。

防治方法:①加强水肥管理,促进植株生长健壮。②成虫产卵盛期喷40%乐果乳油1 000倍液或90%敌百虫800倍液防治。

(2)鸟兽害　8～10月砂仁成熟期,老鼠、松鼠、画眉、刺猬等偷食果实,较为严重。

防治方法:常年用毒饵诱杀或猎捕。

五、采收加工

1. 采收

阳春砂定植后3年开花结果,在8～9月果实呈红褐色或红黑色,咀嚼时有浓烈辛辣味时采收,注意勿踩伤根状茎和碰伤幼笋,用剪刀剪断果柄。

2. 加工

砂仁干燥多用火焙法。火焙法是用砖砌成长1.3米,高、宽各1米的灶,三面密封,前留一灶口,灶内0.8米高处横架竹木条,上放竹筛,每筛放鲜果100公斤左右,顶用草席盖好封闭。从灶口送入燃烧的木炭,盖上谷壳防火过猛。每小时将鲜果翻动1次,待焙至5～7成干时,把果取出倒入桶内或袋内压实,使果皮与种子紧贴,再放回竹筛内用文火慢慢焙干即成。

六、综合利用

砂仁药用疗效显著,品质优良,在国际市场上享有盛誉。此外,阳春砂新鲜茎叶可以综合利用,蒸馏出的砂仁叶油供出口创汇,残渣可作猪饲料。阳春砂茎秆亦可用来提取砂仁油,并可用于造纸。它还是卫生部确定的药食共用品之一。

主要参考文献

1　国家中医药管理局《中华本草》编委会．中华本草(精选本上、下册)．上海科学技术出版社,1998 年 1 月第 1 版

2　冉懋雄等．现代中药栽培养殖与加工手册．北京:中国中医药出版社,1999 年 5 月第 1 版

3　林锦仪等．药用植物栽培技术．北京:中国林业出版社,1999 年 6 月第 1 版

4　陆善旦等．野生中药材栽培技术．上海科学普及出版社,2000 年 6 月第 1 版

5　杨成俊主编．名贵中药材栽培与养殖．北京:中国农业科技出版社,1994 年 5 月第 1 版

6　朱海涛等．调味品及其应用．山东科技出版社,1999 年 1 月第 1 版

7　刘德军主编．中药材综合开发技术与利用．北京:中国中医药出版社,1998 年 4 月第 1 版